從零開始讀懂

流通業

石原 武政、竹村 正明、細井 謙一——編

張嘉芬——譯

二版序

本書初版於二〇〇八年一〇月上市，迄今已過了十個年頭。初版上市後，很榮幸承蒙各方愛用，受歡迎的程度超乎我們預期。然而，從流通劇烈變動的現況來看，我們必須要說，十年實在是一段太漫長的歲月。對於這本以「不空談抽象理論，著重讓讀者從現實案例狀況中學習」為主要概念的書籍而言，「十年前的舊資訊」的確是個很嚴重的問題，促使我們做出了改版的決定。

在本次改版的過程中，我們先是邀請了細井謙一教授來加入編著團隊。編著團隊有新成員加入，就代表我們希望這次的改版，不僅是調整案例或數據，而是真正的修訂、改寫。不過，包括細井教授在內，編著團隊有一個共識：既然這本書的基本思維概念和態度路線廣受好評，就沒有必要更動。因此在這本改版的作品當中，我們撰寫的態度和舊版一樣，堅持以具體案例為主軸，從中發現問題，進而思考理論，並從中尋求解答的線索。

不僅如此，我們還請使用本書當教材的讀者協助，配合進行問卷調查。從問卷當中，我們也得到了很多指教，包括實際在教學使用上的問題點和需求等。在此要特別由衷感謝各位的協助。

綜上所述，本次的改版作品不僅在案例上幾乎全面換新，也為了在舊版當中完全沒有著墨的批發業和網路電商而另立新章。批發業原本就是流通當中很重要的一個領域，但從消費者或零售通路的角度來觀察，總是不容易注意到它，所以在舊版當中，我們才會選擇割捨。但我們最終還是認為：要讓讀者全面性地了解流通最活靈活現、生猛有力的狀態，有必要探討這個議題。至於網路電商則在這十年來，以驚人之勢竄起，成為不容小覷的議題。

除了這些之外，其他章節也做了相當程度的調整，部分章節則因諸多因素，而更換了撰寫人。新加入撰寫團隊的成員，都是用本書的舊版當作授課教材，並充分了解本書出版旨趣的專家賢達。

因此，經過這次改版後，本書的結構大致如下：首先在第1章當中，我們要先打開通往「流通」的那扇大門；之後從第2章到第5章，我們要仔細觀察零售業的主要業態，並於第6章將觀察內容整理成業態技術；第7章要探討支撐整個業界進化的物流運籌，第8章則研究網路電商，第9章討論批發業；第10到12章會整理日本流通的整體結構、買賣習慣和交易制度；之後的第13到15章，則是要介紹與流通有關的基礎理論，並以它們為基礎，展望今日物流方面的新議題。儘管篇幅有限，但以流通的入門書籍而言，幾乎是網羅了所有必需探討的議題。

在本書改版的過程中，我們舉辦了兩場大型的研究會。幾乎每位撰寫人都參與了這兩場活動，並於會中交換意見，分享議題，也進行了初稿的核對、討論。後來，電子郵件等網路工具，更發揮了強大的威力，讓我們有了更密切的意見交流，還讓我們在撰寫過程中，進行了相當深入的協調。這些都是相當勞心勞力的作業，但若能因為這些投入，而贏得各位讀者一句「新版比舊版更好讀好用」的肯定，將是我們編著和撰寫團隊無上的榮幸。不過，既然書已成冊，如今我們能做的，就只有期盼各位願意給我們肯定而已。

最後，我們要特別感謝近畿大學企管系的廣田章光教授。教授在本書改版之際，擔任碩學舍的編輯窗口，對我們多方關照。即使校務繁忙，仍妥善梳理我們錯雜的資訊，管理進度。謹在此由衷致上我們的謝意。

二〇一八年一〇月

編著團隊代表

石原　武政

序

翻閱本書的讀者，想必應該是升上大學，才剛要開始學習「流通」的同學；或許也有些讀者是不曾正式學習過流通知識，出社會之後有需要，才不得不重新拾起書本來學習。不論是哪一種讀者，應該都如我們的書名所說，是要「從零開始讀懂流通論」。而在編輯本書之際，我們也特別留意這一點。

你我的生活，每天都少不了流通。從我們呱呱落地那天到現在，流通每天都以各種不同的形式，參與我們的生活。因此，或許有些人會認為流通不必特別學習，也能掌握個八九不離十。畢竟你我的確是在正式上學之前，就已經學會怎麼說話，所以會有「流通不必學」這樣的想法，也不能說是絕對錯誤。不過，就像我們進入學校，正式展開國語文學習後，才體會到語言的困難與趣味一樣；流通的世界，也比大家現在所理解的面向更多，更複雜，也更耐人尋味。這本教材最基本的概念，就是要為各位導覽流通的大千世界。

市面上有很多流通方面的入門書籍，本書既然要加入成為其中一員，自然要突顯出一些特色。本書特別用費心顧念的要點如下：

首先要從各位讀者最切身相關之處，為各位導覽流通的世界。所以，從第2章到第5章，我們介紹了各式各樣的零售通路。近來，新型態的零售通路如雨後春筍般出現，本書固然無法網羅每一種，但我們認為已經涵蓋了最具代表性的一些通路型態。期盼各位能透過這些介紹，了解各種型態的零售通路有何特徵，如何成立，以及從它們成立迄今，經過了什麼樣的進化。

然而，零售業其實無法自成一派事業，還要仰賴上游的批發業，以及資訊、物流（尤其是運輸）技術的發展。光從零售通路與消費者的接觸層面來看，根本無法想像背後還有這些機制存在。因此從第6章到第10章，要為各位解說這些在幕後支持零售業的機制，究竟歷經了什麼樣的變化。

到這裡為止，是從「現在」的觀點，回顧流通的過去，並從中認識流通的現實狀況。看過五花八門的現實狀況後，我們不免會想：難道不能整理匯總，把它們放在一個架構下來了解嗎？而這就是所謂的「理論」。自古至今，流通論也有很多理論上的累積。因此自第11章到第14章，我們會整理一些理論概念。在各位理解前面各章所談的現況之際，這些概念尤其重要。

以往市面上的流通教科書，通常多會從流通的歷使或基礎理論開始談起。本書試圖翻轉這樣的傳統，從你我的生活周遭開始談起，逐步走向那些匯整多樣現實而成的理論。而這樣的想法，也反映在本書的結構上。我們可以很有信心地說：這樣的結構安排，讓本書成了物流初學者也能輕鬆入門，更能從中讀出興趣的作品。

不僅如此，我們也延攬了多位青年學者加入撰寫團隊。編著團隊當中，雖有一位成員已是高齡老者，但撰寫團隊的其他成員，年齡幾乎都在三十到四十五歲之間。這些青年學者在研究方面正值高峰期，年齡上也和觀念、感受也和初學流通的讀者較為相近。我們期盼能用青年學者的觀念、感受，呈現將高齡老者的經驗與智慧累積，打造出讓讀者更感興趣的一本流通教科書。為此，團隊成員在編寫本書的過程中，也的確多次聚集討論，再三確認書中內容。

各位若能因為閱讀本書，而開始學習流通知識，進一步感受到自己看待流通的觀點有所轉變，將是我們無上的榮幸。各位的新發現，可能是以往沒察覺的，或是忽略的事物。期盼各位能從超市、便利商店的店頭，或在百貨公司、購物中心璀璨華美的空間中，感受到「這裡原來有這樣的安排啊！」「能做到這樣真的很不容易」等。我們也期許各位能培養出更細膩觀察現實的眼光——因為能觀察入微，看現實才會變得更有趣。

當各位懂得觀察入微，就能發現許多用心巧思所帶來的變化。如今的流通環境，和10年前已大不相同。或許各位很難想像，但今天我們習以為常的流通現況，只不過是從過去發展到未來的過程中，諸多遞嬗變化的一步罷了。流通環境10年後的樣貌，必定會與現在更不同。如果有些讀者在閱讀本書之際，能萌生對未來流通的想像，並思考「為什麼會有這些轉變」，進而想更深入接觸一點「理論」，我們將更感欣慰。

不過，這些都要等各位學習過本書內容之後，答案才會揭曉。無論如何，我們都很高興能透過本書與各位讀者結緣。既然是學習新知，或許多少都會碰上一些困難。若是因為大學課程的指定教材，而與本書結緣的讀者，期盼各位能在正式上課時，加強學習自己覺得困難的地方。期盼各位能放輕鬆，懷抱著認真但愉快的心情，和我們一起學習。

二〇〇八年九月

作者群代表

石原　武政

CONTENTS

第3章　食品超市與便利商店

第4章　廉價商店與SPA

第5章　商店街與購物中心

第6章　何謂零售業態？

第7章　支撐零售的運籌

第8章　網路科技與全新零售業態

第9章　支撐零售的批發

第10章　流通結構與轉變

第11章　日本式商業交易慣例

第12章　以零售核心的商業交易慣例

第13章　集中交易法則與商品搭配的形成

第14章　商業與社區營造

第15章　產銷合作的發展

第 1 章

何謂流通

1. 前言
2. 站在消費者的立場看流通
3. 站在生產者的立場看流通
4. 流通的主導權
5. 本書學習目標

1. 前言

聽到「流通」這個詞彙，各位會想到什麼呢？如果是談經濟活動的「流通」，一般是指各種經濟主體彼此進行交易，而產生貨幣和商品的移動。舉例來說，假設我們在便利商店買了便當。便利商店把便當交付給我們，而我們則要付錢給便利商店——這就是一筆交易。此時，便利商店將商品賣給我們，我們則是向便利商店購買商品。販賣和購買在交易當中是互為表裡的關係。

同樣的，便利商店業者和便當公司之間，應該也進行了這樣的交易；而我們也會為了賺取財富，為他人提供包括勞務在內的產品或服務等。其他商品也是如此。經濟活動就是在串聯、交疊各式各樣的交易中成立。所謂的「商品流通」，就是用商品流動的角度，來看這一連串的交易。在商業或流通理論當中所談的「流通」，一般指的都是這個「商品流通」。既然「交易」是當事人基於某些目的所從事的行為，那麼商品流通就是各種經濟主體從事經濟活動的結果。

商品流通有兩個面向：一是交易面向，商品的所有權會因交易而轉移，而這個所有權的移轉過程，就是所謂的商流；另一個面向是商品在空間上的移動，例如運送或儲放等，都是屬於這一類。後者這個面向，通常會被稱為「物流」，但若想在整個商品流通的過程中加以管理時，則會稱之為「運籌」。有些交易與物流會同步進行，有些則是各自獨立運作。在以下各章當中談到「流通」時，原則上都是指流通的交易面向；至於流通在物流方面特有的一些議題，則會統一在第7章探討。

此外，還有許多資訊會在交易當事人之間流動，且幾乎可說是與商流、物流平行，我們稱之為「資訊流」。資訊流當中不只有和商品直接相關的資訊，還包括了什麼樣的顧客，在何時、何地，購買了什麼商品，以及購買的數量等交易資訊。尤其在商流或物流的衍生或管理上，「交易資訊」扮演了相當吃重的角色，近年來重要性正逐步攀升。

2. 站在消費者的立場看流通

◇零售商與批發商

你我每天的生活當中，都在消費許多財貨。只要稍微瞧瞧我們的生活周遭，應該就會為這些財貨的種類之多而大感咋舌，甚至有很多是上一輩根本無從想像的商品。我們多半都是向人購買，才能取得這些財貨——有些商品是在實體商店購買，可能還有些是從網路等非實體的管道購得。這些包括網路購物在內的電子商務及郵購業等，統稱為無店鋪零售（None-store Retailing）。當年還以型錄郵購為主流時，無店鋪零售的市場小到幾乎可以忽略的地步；如今網路購物已成主流，無店鋪零售也在流通當中佔了一席舉足輕重的地位。這種新型態無店鋪零售的發展動向，我們會在第8章當中一併探討。

將商品銷售給我們這些消費者的業者，就是所謂的「零售商」。當中有些業者是直接把廠商生產的產品，或從國外進口的產品，銷售給我們消費者，不做任何加工，例如家電和化妝品等產品；也有些業者是在自家店內生產、銷售最終產品，就像麵包店那樣。嚴格來說，上述後者是屬於「製造零售業」，不過在一般的認知當中，所謂的零售商，就是該涵蓋這些項目。

那麼，這些零售商又是向誰取得商品的呢？當中固然有人是直接向生產者採購，不過大多數情況下，生產者和零售商之間，都會有其他中間商中介。這裡所謂的中間商，原則上是指那些不自行生產商品，只負責促成第三人之間彼此交易的業者。因此，零售商其實也算是一種中間商，而除零售商以外的中間商，則統稱為批發商。批發商和零售商的差異，在於兩者的銷售對象不同。零售商的銷售對象僅限於終端消費者，而批發商的銷售對象則有製造商、其他批發商、機關團體用戶（大學、政府機構等）、零售商、外國企業等，範圍很廣。也因為這樣，批發商的種類非常多樣。關於以零售商為交易對象的批發商，後續我們會在第9章做進一步的探討。

由此可知，我們所購買的商品，絕大多數都不是直接向生產者購買，而是向零售商買來的。由生產者和消費者直接交易者，稱為直接流通；而當中有第三人，也就是中間商居間穿梭者，就稱為間接流通。而在間接流通當中，由中間商負責擔綱的部分，就稱為貿易。從消費者的角度看來，應該可以很直覺地理解：今日我們能如此有效率地接觸到廣大生產者所生產的諸多商品，都是拜間接流通之賜。

【圖 1-1　直接流通與間接流通】

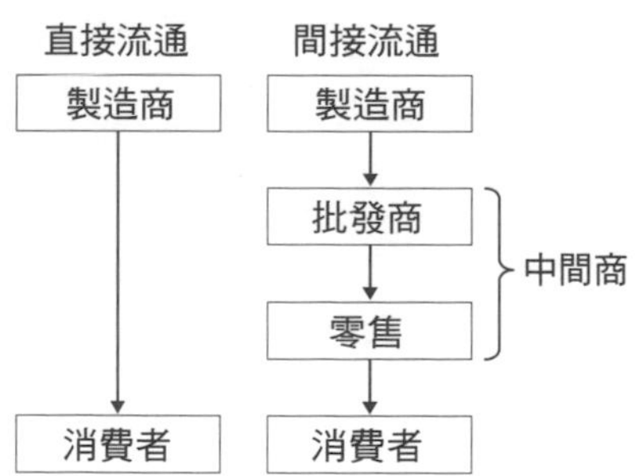

◇零售商是發掘（創造）欲望的機構

當我們購買商品時，總會想著「我想要這個商品，所以就買了」——這個說法大方向正確，但仔細想想，在這些買來的商品當中，從我們實際看到商品前，就一直想要、想買的，其實並不多。例如你身上穿著那件情有獨鍾的毛衣，是從一開始就打算找這個顏色、這種設計的毛衣嗎？恐怕還是因為實際在店頭看到它，覺得很喜歡，後來才心想「我就是想要一件這種毛衣」的成分居多吧。

在經濟學上，為了便於討論，會假設消費者都很清楚地知道自己想要什麼。這種情況的確不是沒有，不過，實際上消費者對於自己想要的東西，多半只有個模糊的想像，直到真正看到商品，才會對「想要的東西」的具體細節，有更明確的感受。既然如此，與其說零售商是一個場域，讓人取得「早打定主意要買的商品」，其實它更是在讓「對想要的商品只懷著模糊想像」的你我，找到自己真正想要商品。就這層涵義而言，看在消費者眼中，零售商可說是一個發掘欲望的機構；但從賣方的角度來看，零售商堪稱是創造欲望的機構。

「取得早打定主意要買的商品」就像是請小孩去跑腿，購物純粹只是一項工作。然而，「購物」並不只是在取得想要的商品，它也是讓我們遇見未知商品、觸發你我欲望的機會。很多人都會對購物感到滿心期待與歡樂，原因就在這裡。

如果零售商有店面，那麼它的立地條件，通常都是緊鄰其他零售業或服務業者。而郊區的那種大型商業設施，則稱為購物中心。一家大型的購物中心裡，零售商家和餐飲櫃位可以多達數百家。至於在市區櫛比鱗次的整排零售商家，就是所謂的商店街。儘管近年來，很多商店街都陷入了經營困境，但早期它們都是市區的黃金地段，熱鬧繁華。商店街在銷售上或許缺乏計劃，但也因為這樣，而帶有出人意料的驚喜，也充滿了變化。此外，整排店面相連而成的街景，也為城市注入了獨特的氣氛和情調。雖為零售商活動的結果，卻無法在交易過程中成為買賣對象者，就是所謂的「外部性」（externality）——街景就是很典型的一個例子。零售商的外部性，對當地具有非常重要的意義，詳情我們留待第14章再做探討。

3. 站在生產者的立場看流通

◇擴大的市場

接著讓我們再從生產者的角度來看看流通。生產者既然是為了銷售商品而生產，那麼生產出來的產品，就必須設法銷售。就生產者的角度來看，商品銷售所擴及的範圍，就是所謂的市場。像烘焙坊這種小型商家，只要有直接流通，也就是把商品賣給門市周邊的消費者，就足以維持營運。然而，當生產規模擴大時，需要的市場自然也必須隨之擴大，還要借第三者——也就是中間商之力來發展間接流通。有了間接流通，生產者可以很有效率地拓展市場。不過，若生產規模相對較小，在地區型的有限市場中，或許只要找幾個零售商幫忙，就已綽綽有餘。

然而，一旦大量生產體制正式上路，就需要更廣大的市場來消化，銷售通路更要逐步拓展到全國。到時候，零售商數量會多出許多，生產者很難直接與零售商交易，於是就會有批發商居中協調。日本消費財領域的生產者，大多在20世紀初正式啟動大量生產；到了第二次世界大戰後，就連以往市場上沒有的新商品，也都開始大量生產、上市。以下我們還是改用「製造商」來稱呼那些已確立大量生產體制的生產者。現在，許多支應我們生活所需的商品，都已經是由這些以全國市場為目標，甚至是放眼全球的製造商所生產。

假設1家零售商與1,000位消費者交易，1家批發商與50家零售商往來，那麼透過1家批發商，生產者就可以接觸到5萬個消費者。若與5家批發商交易，接觸到的終端消費者就可多達25萬人。這樣看來，各位應該不難理解：原本生產者直接銷售產品給消費者時，規模至多只有1,000人的市場，在加入零售商及批發商之後，便可一口氣擴大。

其實，間接流通的功能，不只是從空間上協助生產者拓展市場而已。如今我們把交易分為「生產者→批發商」、「批發商→零售商」，以及「零售商→消費者」這三個階層，各位不妨想像一下這些交易的樣貌：製造商每天都會連續生產大量商品，因此需要透過大量且穩定的交易，來消化這些商品。相對的，終端消費者每次只會少量購買，消費方式近乎隨性，很難從中找出規則。在間接流通的體系當中，調整上、下游在供需方面的質、量落差，也是貿易很重要的功能之一。

為簡化內容，在此我們假設批發商只有一層。然而，當市場規模更龐大時，可能會再多一層、甚至會再多兩層批發商居間協調。這時批發商從上游到下游，依序稱為一次批發商、二次批發商等，而將商品賣給零售商的批發商，有時也可稱為「最終批發」。

◇傳統流通機構

前面提過，當生產者規模尚小時，在地市場就足以支撐營運。但在一些情況下，例如形成產地聚落時，即使個別生產者的規模小，商品仍會被大量地生產出來。到時候，不僅是整個產地，連個別生產者都必須向外尋求市場。

然而，要求規模小又分散的生產者，在廣大的市場上和小規模零售商直接交易，幾乎是不可能的任務。一個產地所生產的同種商品，整合成較大單位後，一起出貨給廣大的市場，會比產地內各生產者分別將商品送到市場上更有效率，相關原理會於第13章再詳加解說。而這樣操作的結果，使得像圖1－2所呈現的這種典型流通機構，應運而生。這是在小規模生產體系下，商品廣為流通時的典型流通機構。從圖中可以看出，商品從上游起，依序會經過收集、中繼和分散等階段。

如此一來，批發商不僅可分為兩個階層，有時甚至還會分到三、四階。其實早在大量生產體制成主流前，日本就有批發商分多層介入市場交易。直到現在，包括生鮮食品在內的部分商品，仍以接近本圖的形式流通；至於大量生產體制已確立的商品領域，批發商頂多只分兩、三階。資通訊科技與物流科技的發展，也對縮減流通階層貢獻良多。

【圖 1-2　傳統流通機構】

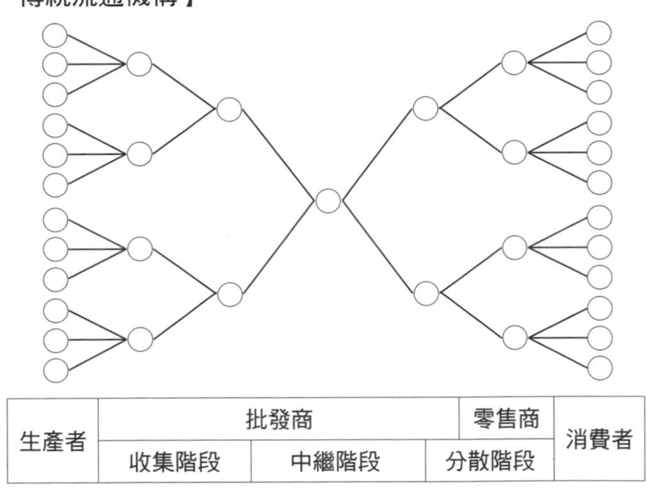

前面的討論，幾乎都是建立在單一種類商品的基礎上。實際上，透過同樣管道交易的商品種類很多，上游和下游經手的商品種類也各不相同。舉例來說，各位不妨瞧瞧街頭的水果店或超市的水果區，這些賣場銷售的水果五花八門，產地也遍布大江南北。既然水果能從各個產地送到這家水果店，或這個水果區，因此過程中必定進行了相關的交易。

在橘子產地交易的就只有橘子，在柿子產地交易的就只有柿子。可是，到了末端零售階段，店頭卻能陳列出橘子、柿子和蘋果，甚至還有國外來的香蕉。這些商品都經過收集、中繼和分散，在各階段交易匯流，商品結構也逐漸改變。像這樣的異質商品組合，我們稱之為「商品搭配」。流通機構透過在流通過程中調整商品搭配的內容，發揮了「提供消費者更豐富的財貨，為生產者準備市場」的功能。其背後的原理，也同樣會在第13章詳述。

4. 流通的主導權

◇製造商主導型的流通

前面提過，商品流通就是一連串的交易。交易原本應該是當事人的自由，是在對等關係中成立的產物。但在實際交易當中，的確存在著權力關係的強弱，這一點也不容否認。所謂的權力關係，會受很多因素的影響而定，其中又以「企業規模」和「資訊能力」的重要性最為顯著。以圖1 - 1所呈現的傳統流通為例，中繼階段的批發商規模最大，四面八方的資訊都匯集於此；生產者註定仰賴批發商的銷售網，以致於他們幾乎不必在意更下游的流通。如此一來，批發商很自然地就會掌握整個流通的主導權。早期日本民眾生活中常說「盤商才不會那麼便宜賣」，話中便透露了當年的批發商文化（專欄1 - 1）。

然而，隨著生產技術的演進，大量生產體制成為主流後，流通要角的勢力消長，也出現了轉變。製造商的規模大幅彈升，需要在全國等級的市場消化產品。此時在收集階段已不再需要批發商，但在中繼階段，批發商所處的位置就相當關鍵——畢竟他們負責指揮調度全國的流通，製造商也只能拜託他們銷售大量商品，別無他法。因此，製造商會提供包括折讓在內的各種獎勵方案，而受託銷售的批發商也會不斷開發新的零售商，以佈建綿密的銷售網絡。若這些努力能為製造商爭取到夠大的市場，那就不成問題，但實際上往往沒有這麼簡單。

商品不會因為製造商給折讓回饋，再塞貨給批發商，就輕輕鬆鬆地暢銷熱賣。萬一賣不出去，商品在流通階層的庫存量就會上升；庫存一上升，批發商就要面對「降價求售」的誘惑。起初折讓回饋還能填補折扣價差，可是一旦有人祭出折扣，其他業者也勢必要降價應戰，於是流血、破盤的價格戰便就此開打，有時甚至還會爆發不惜血本的跳樓特價。如此一來，想以正常價格銷售的業者，銷售該項商品的意願就會降低，衝擊整個流通體系。

還有，既然要佈建綿密的銷售網絡，當然就要納入體質弱小的零售商，但這樣一來，除了要投入時間、心力，以確保他們的銷售數量之外，帳款遲付甚至呆倒帳的風險，也都會隨之提升。製造商為了改變這樣的情況，只好自己緊盯整個流通過程，從上游到末端都必須親自管理。以日本而言，從1920年代左右起，製造商就開始關注整個流通，到戰後趨勢更是明顯。

製造商在積極關注流通狀況之際，對流通所推動的相關措施，統稱為流通系列化。所謂的「流通系列化」，其實是透過許多不同的活動來進行，具體內容將留待第12章探討。製造商以「極力避免各流通階段發生過度的價格競爭」為終極目標，同意流通業者在特定區域享有獨家銷售權，但相對的也要求業者成為專屬批發，不銷售競品，或是請零售商登錄為可與製造商交易的批發商，以簡化彼此的交易關係等，對流通階層管理得相當細膩。這樣操作的結果，造就了一套獨特的流通體系——批發商雖是獨立於製造商之外的事業體，實際上卻為製造商扮演著銷售網的角色。如此一來，流通的主導權顯然掌握在製造商手上。自高度成長期[2]起至二〇〇〇年前後，許多消費財產業都是以這種流通體系為主流。

專欄 1-1

盤商才不會那麼便宜賣

各位聽過「盤商才不會那麼便宜賣」這種說法嗎？盤商是批發商的舊稱，在日文當中唸做「tonya」或「toiya」，有時「盤商」也會專門用來指稱那些不買斷商品的批發商。整句話的意思，大概是「想得是很美好，但事情恐怕不會那麼盡如人意」、「如意算盤打得那麼精，到時候出個差錯就被沒戲唱了」的意思。

乍看之下，盤商似乎是正義的化身。可是，這句話並沒有稱讚盤商正義的意味，而是說他們有實力、有權力，足以阻撓那些看似一帆風順的事。

江戶時代，日本的首都江戶是全球少數的大都市之一，但江戶的中心區卻只住著來自全國各地的武士和他們的家人，而這些人全都沒有從事任何物質的生產。因此，單就江戶這個城市來看，需求顯然是大於供給的。若置之不管，就會陷入慢性的供不應求。要解決這個問題，就需要從全國各地把大量物資匯集到江戶來。

而位居全國流通關鍵地位的，正是「盤商」。當年許多商品都是透過產區在地的盤商，送到大坂的盤商，再運送到江戶的盤商。盤商本身雖在政治上沒有實權，卻握有商品、資訊和財富，因此盤商老闆有時會利用這些資源，為自己爭取到足以撼動政治的實力。各位只要想像一下古裝時代劇裡，貪婪代官[1]和盤商連手為非作歹的情節，應該就不難理解。而這句俗語，當中也隱含了「敢得罪盤商，事情就會吃不完兜著走」的意涵。

進入明治時代以後，就全球平均而言，日本的批發商仍是位高權重，流通也長年處於「批發商主導型」的狀態，而生產者也利用這些批發商的力量一路成長。可是，自戰後高度經濟成長期起，生產者規

1 江戶時代負責地方年貢徵收、民政、治安等業務的官員。

模漸趨龐大，再加上資通訊科技與物流科技的發展，使得批發商的地位逐漸式微。從這個時期開始，市面上甚至還可以聽到「才不會那麼便宜賣給盤商」的說法。

2 自一九五五年至一九七三年。

◇零售商主導型的流通

自高度經濟成長期起，製造商將現有批發商和零售商納入自家銷售網，也就是製造商將流通系列化的趨勢尤其顯著。而支撐這個趨勢興起的原因，是到戰後才正式被引介到日本的「行銷」概念。製造商開始懂得把消費者當作最終的銷售標的，而非批發商，並導入前所未有的「消費者取向」概念，統一管理產品、價格、銷售通路和廣告促銷等所有銷售活動——這些都是「行銷」，而整頓銷售網絡，也是行銷的一環。

當年製造商開始興起這樣的趨勢之際，「流通革命」一詞正在日本社會風行。然而，這個詞彙所代表的，是零售業在製造業深耕流通的同時，所展開的一波連鎖化。在此之前，零售商多是深耕在地的商店，即使是擴大經營，也僅是擴大單一門市的規模，或在鄰近地區開出幾家分店而已。就這個層面而言，零售商與製造商的規模差距可說是一目瞭然，流通的主導權當然就掌握在製造商手上了。

不過，後來零售業的連鎖化越來越興盛，到了一九七〇年前後，市面上已開始出現一些門市遍及全國的連鎖企業。這一波連鎖化的熱潮，從綜合超市開始吹起，又擴及到專賣店、便利商店等連鎖，也讓這些企業的規模一舉成長。只要零售商持續發展連鎖，即使每一家門市的規模小，整個連鎖體系的規模仍然相當可觀。對製造商而言，這一波連鎖化的結果，是讓他們對單一連鎖零售商的營業額，竟佔了總營業額的好幾成。如此一來，製造商當然必須竭盡所能地尊重零售業者的想法。

零售業不僅是在規模佔上風，資訊處理科技的發展，使得大量的商品銷售資訊可瞬間就詳細地存入連鎖總部。經統計、分析大量交易資訊後，業者就可取得「在哪一家門市」、「哪一項商品」、「在哪個時段」、「買方是什麼樣的消費者」、「售出多少量」，和「消費者又同時購買了哪些相關產品」等資訊。連鎖總部還可串連各門市的銷售資訊，取得如上述這些分析內容。於是「規模」與「資訊」這兩項決定交易權力關係的關鍵因素，至此轉而集中到零售商，尤其是那些全國連鎖的零售商。這在日本大概是二〇〇〇年前後的事。如此一來，流通的主導權很難再繼續由製造商把持，便開始轉移到零售商手上。交易的實際情況，也因為這樣的勢力消長而出現變化。詳情會留待第11、12章再為各位說明。

然而，這樣的變化趨勢，並沒有在每一種消費財業界出現。批發商主導型的流通固然已經減少，但製造商主導型的流通，如今仍存留在某些領域。至於零售商，雖說已在流通體系中握有主導權，但掌權程度的高低與詳細內容，則又不盡相同。各位只要稍微用心觀察，應該就能輕易地察覺各種流通的樣貌。現實世界裡有各種流通形態並存，各位要先理解這一點，並思考背後的原因，再想想未來會怎麼變化。只要各位對這些現象抱持興趣，等於就已經是站上起點，整裝待發，準備好要踏上「理解流通」的旅程了。

專欄 1-2

流通是經濟上的「黑暗大陸」

「流通是經濟的黑暗大陸」這句話出自大名鼎鼎的彼得 杜拉克(Peter Ferdinand Drucker)[3]。當時是一九六二年，而「黑暗大陸」原本指的是在拿破崙時期，人們眼中對非洲大陸的印象——人們知道那裡有個巨大的東西，卻對這個巨大東西的內部狀況一無所知，即「未知的世界」。杜拉克當然是因為看了美國的流通，才會發表這樣的言論。美國人對於美國的巨大流通機構一無所知，而杜拉克想表達的，是「這個流通機構即將出現重大變革」。

美國於一九二〇年代爆發連鎖店運動，到了一九三〇年代，超級市場也躍上了檯面。看在當時的日本人眼中，美國的流通應該領先了日本好幾年，是耀眼輝煌的典範，更是流通未來的樣貌。實際上，當年的確也有很多零售業的菁英赴美取經，當地最先進的零售業態，虜獲了這些業者的心，促使他們競相引進美式做法，為零售業帶來了一波大刀闊斧的創新。

倘若這樣的美國流通是黑暗大陸，那麼當時日本的流通，可就是更闃黑的黑暗大陸了。批發階段的交易關係錯綜複雜，據說就連業內人士都無法清楚掌握交易究竟是如何相互串聯。雖說是批發商主導型的流通，但真正將整個流通上下游管理得井井有條的批發商，僅佔其中的極少數。實際上，在一九五三年時，政府就已允許包括醫藥和化妝品的製造商限制轉售價格，但許多製造商竟花了十年以上的時間，才真正開始運用這一套制度——因為當年製造商根本不知道該找誰簽約，重新整頓交易途徑，就是需要花這麼多時間。

長年來，日本社會都用「流通是經濟的黑暗大陸」來表達流通的落後。然而，在持續高度成長的過程中，上游製造商的流通系列化不斷

3 出自杜拉克發表在《財富雜誌》(Fortune，一九六二年四月號)的同名文章(〈The Economy's Dark Continent〉)。

發展，下游則有超市連鎖不斷成長，使得它們彼此之間的交易關係逐漸被梳理出秩序，讓人更容易釐清。這一連串的變化，當年被稱為是「流通革命」。而推動流通革命的結果，是讓「流通革命」這個詞彙，在一九八〇年代幾成「死語」。

如今，流通的核心部分是由電腦網路系統管理，極度公開透明。它也和非洲大陸一樣，成了支持現代社會的要角，且備受肯定。

5. 本書學習目標

各位是否已經約略了解流通的整體脈絡了呢？流通和人類的歷史一樣淵遠流長，五花八門的流通樣態，在這段悠久的歷史當中出現、變化。當前的流通樣貌，也只是它在不斷變化之中的一個片段，並非絕對。然而，流通和你我的生活，有著密不可分的關係。我們恐怕完全無法想像，生活裡要是少了流通該怎麼辦。

在本書當中，我們會從最貼近你我生活的零售型態出發，整理出它的變化與特徵（第２章～第５章），之後再釐清哪些因素能為零售商的樣貌或變化帶來決定性的影響（第６章～第９章），接著再進一步確認流通的現況（第10章～第12章）。最後，或許內容較偏理論論述，但我們還是要整理一些重要的觀點（第13章～第15章），它們都是各位在了解流通變化之際所需的基本知識。一聽到「理論」，難免會讓人覺得有些艱澀生硬，但如果各位能對前面介紹的實務變化感興趣，應該就可以把這個段落當作實務的匯整來看待。期盼各位讀完這本教材，並理解箇中內容後，能帶著更多元豐富的觀點，來看待流通。

一切準備就緒，那就讓我們啟程出發，展開一段「認識流通」的旅程吧！

?動動腦

1. 請試著整理出流通的功能，並思考大量生產與消費者的小規模、分散性之間的關係。
2. 請實際觀察流通的現況，尤其是零售的現場，並想想為什麼現況會是如此。
3. 請想一想流通的發展，整理出「以前是如此，現在變成這樣」、「這樣做會更方便」等項目。接著再想一想流通的演變過程，也就是誰掌握了主導權，以及它導致了什麼樣的結果。

參考文獻

石原武政《商業組織的內部編制》千倉書房，2000年

石原武政、矢作敏行編《日本流通100年》有斐閣，2004年

田村正紀《流通原理》千倉書房，2001年

進階閱讀

大阪市立大學商學部編《流通》（商業精選〈5〉）有斐閣，2002年

渡邊達朗、原　頼利、遠藤明子、田村晃二《掌握流通理論》有斐閣，2008年

第 2 章

百貨公司與綜合超市

1. 前言

請各位環顧四周，看看自己身邊的物品。想必其中大部分都是從店裡買來的吧？那麼，再請各位從這些物品當中選出一項，試著回想當初各位從抵達商店門前，到買到這項物品為止，做了那些舉動。購物流程或許會因為選購的物品而略有差異，但大致上應該會是循「走進店裡 瀏覽一下陳列的商品 決定要選購的商品（或特定品牌） 想想身上帶的錢是否足以買下這項商品 把商品拿到結帳櫃台，交給店員 用現金或信用卡付款 拿著商品走出店外」的流程買到才對。

想必很多讀者都會認為，這樣的購物方式非常理所當然。然而，在這一連串的行為之中，有些動作和早期的消費行為截然不同。而大幅改變這些行為的，就是本章要探討的百貨公司及綜合超市。因此，就讓我們先來回顧一下早期的購物方式。

2. 百貨公司的創新

說到大幅改變你我購物方式的零售業，百貨公司絕對是一個不可或缺的要角。如今的百貨公司，大多會在鐵道車站前開設宏偉的店面，營造出兼具傳統和高級的氛圍，有時甚至還會聽說年輕人對於走進這樣的商家消費，會感到些許抗拒。不過，為了讓消費者自在地逛街購物，百貨公司其實推動了堪稱是日本零售史上最劃時代的創新。首先，就讓我們來看看百貨公司究竟做了什麼努力。

◇沒有百貨公司的年代，人們這樣購物

早在百貨公司問世前，零售業就已存在。當年顧客要踏進店裡之前，還必須先脫鞋，因為店裡是禁止穿鞋的。脫掉鞋子，踏上店裡的榻榻米地板之後，眼前並沒有陳列任何商品，而是要把自己想選購的商品告知熟悉的掌櫃。接著掌櫃就會差遣當時稱為「學徒」或「小弟」的店員，要他們到店內倉庫拿出商品。這時顧客才能真正看到商品。要是看一次就找到中意的商品，那倒還好；如果拿出來的商品都看不上眼，就要一再地請掌櫃拿出另一批商品。好不容易找到中意的商品，上面可不會有標價，必須開口問掌櫃。如果價錢談不攏，就得每一項商品都講價。就算雙方對價格有共識，也不會當場付款，通常都是先「掛帳」（也就是賒帳），就直接把商品帶走。

光是這樣讀下來，各位應該就能想像古時候買東西有多麻煩了吧？光看店家門口的布簾或招牌，雖能知道店家做什麼生意，但就算走進店裡，還是不知道葫蘆裡賣什麼藥；摸到了商品，也無從得

知售價；想買個東西，就得逐一和店員討價還價……在這種制度下，當然沒有所謂的「櫥窗購物」（window shopping）可言，恐怕也無法和別人約在店裡會合了吧。

本章要介紹的「百貨公司」，推動了一次又一次的創新，才翻轉了日本流通業的樣貌。舉凡可穿鞋進店，商品陳列在店頭，在商品上標價，還有用現金交易等，都是百貨公司在各個時代領先零售同業，所做的創舉。例如「在商品上標價，並於購買時付款」這種交易方法（當時稱為「現金正札販賣 」），是在一六八三年（天和三年）時，相傳就是由和服商家「越後屋」（也就是後來的三越百貨）率先導入。說到一六八三年，就讓人想到這是德川家第三代將軍綱吉下達「生類憐憫令」的兩年之前，當時日本很多零售商都還沒有常設店面，很多商人都還挑著扁擔，沿街叫賣魚類、蔬菜和豆腐等，也就是所謂的「振賣」（furiui）、「棒手振」（boutefuri）。一直要到一八〇〇年代末至一九〇〇年代初期，商品才開始陳列在店頭；而顧客穿著鞋進入店裡，則是要等到更久之後的一九二三年才開放。以上這些購物模式，各位恐怕只有在教科書或古裝劇裡才看過。早期因為有百貨公司推動各項創新，所以我們才能像現在這樣，方便地購物消費。

百貨公司所推動的創新，其實還不僅止於購物方法。例如發明「兒童餐」，舉辦全日本第一場時裝秀的，都是三越（MITSUKOSHI）百貨；而在日本首開先例，僱用計時員工的，則是大丸（DAIMARU）百貨。百貨公司也是在店內裝設電梯、手扶梯和冷暖氣空調等設備的先驅。不過，百貨公司最大的創新之舉，還不是這一些。接下來，就讓我們來看看這項創新。

◇百貨公司的誕生

日本的百貨公司，可分為從和服商家起家者，和由鐵路公司開設的店家。前者以高島屋、大丸、三越、伊勢丹、丸井、SOGO和松坂屋最具代表性；後者則以西武百貨、阪急百貨、東急百貨和近鐵百貨為代表案例。其中又以前者這些由和服商家發展而來的百貨公司，創業迄今的歷史之長，令人咋舌（表2-1）。前面所介紹的各種創新，有幾項是它們當年還只是和服店時，所推動的成就。在各個時代推動劃時代的創舉，吸引了許多顧客上門的和服商家，在進入一九〇〇年代後，才轉變為如今這種百貨公司的樣貌。

【表 2-1　日本較具代表性的百貨公司創業年份】

名稱	創業時的名稱	創業年份
松坂屋	伊藤吳服店	1611 年
三越	吳服店越後屋	1673 年
大丸	吳服屋大文字屋	1717 年
高島屋	高島屋	1831 年
伊勢丹	伊勢丹治吳服店	1886 年
阪急百貨店	阪急百貨店	1929 年 （鐵路系列百貨公司誕生）

作者編製

一九〇五年（明治三十八年）一月二日，日俄戰爭戰火方熾，三越吳服店（也就是後來的三越）在全國主要大報刊登了全版廣告，宣佈未來三越將從和服商家轉為百貨公司，也就是所謂的「百貨公司宣言」。在這份百貨公司宣言當中，以往是和服專賣店的

【表 2-2　百貨公司典型的樓層配置】

頂樓
7 樓：藝術品、和服、珠寶、眼鏡、鐘錶
6 樓：餐具、烹調用品、寢具
5 樓：童裝、玩具、文具、家具、家電
4 樓：男裝、男士配件
3 樓：女裝、和服、手作用品
2 樓：女裝、包包、鞋
1 樓：女士配件、飾品、化妝
地下樓：食品（日西甜點、熟食、日西酒品）

作者編製

三越，宣佈未來不僅要賣和服，還要供應各類服飾產品，增加銷售品項，轉型為當時已存在美國市場的「百貨公司」。後來三越也的確依宣言內容，逐步增加銷售品項，包括化妝品、帽子、包包、鞋子、肥皂、藝術品、貴金屬、香菸、文具等，門市規模也隨之擴大。

表2-2是參考多家百貨公司樓層導覽後，針對現今百貨公司樣貌所做的簡要匯整。不必看這張表，各位也知道現今百貨公司宏偉的店面裡，銷售著琳瑯滿目的商品。早期百貨公司還有銷售家電產品或書籍，甚至還曾在店裡賣過汽車，如今幾乎都已看不到它們的蹤跡。而開啟銷售品項多樣化的先驅，其實就是三越吳服店的「百貨公司宣言」，以及隨後的「擴大銷售品項」。這可說是百貨公司所推動的創新之中，規模最大的一項。

當年三越吳服店祭出「百貨公司宣言」時，零售業界的店家，都還是依銷售商品分類，例如和服店賣和服、酒商賣酒、青果行賣蔬果等。但以表2-2來看，除了賣和服之外，還有男女服飾、童裝，眼鏡、鐘錶、飾品、玩具、文具等原本分屬不同零售業者銷售的商品，全都匯集到百貨公司的一家店裡銷售，在當時是非常劃時代的創舉。為什麼會說它「劃時代」，大致從兩個面向來解釋其背後的原因。

第一是因為以往和服店賣和服，食品商行賣食品，如今要把這些商品拿來一起銷售，那麼從開發、挑選進貨管道，到實際商品該如何銷售、管理等，要滿足的條件會變得相當龐雜。舉例來說，各位不妨想像一下，假如有一家服飾店要賣菜，那麼它該從哪裡採購蔬菜？冷藏展示櫃要去哪裡買？買來之後要安裝在店內的什麼地方？該怎麼把菜賣給顧客？這些都是必須考慮的問題。而要克服採購、進貨和銷售、管理的問題，難度都很高。

第二則是當銷售品項增加時，商家就必須思考「賣剩的該怎麼辦」的問題。以剛才的服飾店為例，雖然服裝也有流行趨勢，但蔬果銷售還要考慮商品腐壞的風險，勢必要更費心思考如何避免殘貨。在日本，第一批情願承擔殘貨風險，也要擴大銷售品項的零售業者，就是百貨公司。所以，他們所做的銷售創新，的確堪稱是劃時代的創舉。

3. 百貨公司與綜合超市誕生的歷史背景

◇日本的西化與百貨公司的誕生

三越在一九〇五年（明治三十八年）發表了百貨宣言。當時是什麼樣的時代呢？嫻熟日本歷史的讀者，腦中或許馬上就能浮現一些想像——當時的日本，正如「敲敲短髮頭，響起文明開化聲[5]」所描述的狀態，政府頒布了廢刀令（一八七六年，即明治九年），鹿鳴館[6]也於這個時期落成（一八八三年，明治十六年）。歐美文化的傳入，推動了日本的西化。日本政府推行歐化政策，舶來品紛紛傳入日本。另外，日本的工業革命也於此時展開，從農人口減少，人口往都市集中的趨勢漸趨顯著。人口往都市集中之後，帶動了交通工具的發展，許多消費者也開始尋求可購物的場域。百貨公司便在這樣的時代背景下，應運而生。

只賣和服的和服店，營收當然有限。若能再多賣一些化妝品、帽子、鞋子、包包、還有雨傘和貴金屬等，營收必能更上一層樓。既然消費者已經開始消費一些西式的商品，願意買西式商品的消費者也開始往都會區聚集，那麼在店裡增加一些西式品項，必定可以賣得出去——當年百貨公司是否有這樣的想法，已無從稽考，但商品從和服所代表的「日本元素」，逐步擴大到包括西服在內的「西方元素」品項，絕對是受了時代的影響。

銷售的商品品項變多，百貨公司的店面規模當然也會逐漸擴張，甚至還引進了歐美百貨公司裡才有的櫥窗、電梯、手扶梯、灑水噴頭和冷暖氣空調等設備，當時在日本皆屬罕見。因此，對消費者而言，當時的百貨公司已蛻變成少數能讓人感受異國氛圍的地方。於是它們成了情侶、全家大小特地前往，享受夢想、感動、驚奇與興奮的場所，儼然就像是現今的主題樂園。百貨公司為了帶給顧客更多夢想和感動，讓顧客認為「連這種商品都有賣」，甚至還不惜採購一些銷量很有限的品項，使得百貨公司銷售的商品更加五花八門。

◇高度經濟成長與綜合超市的成長

日本國內的零售商店總數，在一九八二年時達到最高峰，共有約172萬家店；到了二〇一四年時，已縮減到102萬4,881家店。不過，相較於其他各國，日本平均每千人口的零售商店家數，還是偏多（日本7.4、美國2.9、英國4.7、德國3.8）。而這麼多的零售業者，大多是中小規模的零售商店，甚至在百貨公司出現之前，這些零售商店幾乎都是只銷售特定品類商品的店家，例如酒商、服裝店、日用品店等。其中和服店在蛻變成百貨公司後，銷售品項增加，自然就推升了營業額，並長年在零售業界的營收排行名列前茅。舉例來說，一九六〇年度日本國內年營業額達60億日圓以上的零售業者共有19家，全由百貨公司包辦。

說到1960年，就會讓人想到當時正值日本的高度經濟成長期。誠如各位所知，高度經濟成長期是指1955年到1973年之間的近20年，日本平均經濟成長率年年破10％的時代。各位應該都還有印

5 明治初期，日本政府頒布了「散髮脫刀令」，准許男性可以不必再蓄長髮、梳髮髻。「敲敲短髮頭，響起文明開化的聲音」正是當時描述民眾接受西方文化薰陶的名句，經常出現在日本的教科書中。

6 日本外務大臣井上馨為推動歐化，於一八八三年興建的一座西式館舍，用來接待外國使節或重要外賓。

象，在高中的現代社會和政治經濟等科目當中，曾學過政府形容這個時代「已走出戰後」（《經濟白書[7]》1956年版），還有當年的「所得倍增計劃[8]」（一九六〇年，池田勇人內閣）等內容。當時三種神器（電視、電動洗衣機、冰箱）和3C（私家轎車、彩色電視機、冷氣）在日本的普及率急遽攀升；人口大舉自農村往大都市圈遷移，導致日本人口結構出現鉅變。

在高度經濟成長的帶動下，民眾所得也隨之提升。這些民眾要購物時，除了到百貨公司購買一些特殊商品之外，平常還是只能到在地商店街裡的小店去採買；再者，隨著經濟的成長，製造業者的規模也漸趨龐大，想尋求更多銷售通路。就在此時，綜合超市開始在市場上出現，並成長壯大。例如大榮（daiei）超市就是在一九五七年，於大阪開出第一家門市後，便搭上了大量生產、大量消費的發展列車，一路成長。綜合超市崛起的結果，使得百貨公司在零售業界的相對地位，自一九七〇年以後逐年降低。

表2-3整理了日本零售業自一九六〇年度起的年營收排行前五強。從表中不難看出，早期包辦前幾名的百貨公司業者，後來逐漸被大榮、伊藤洋華堂（Ito-Yokado）、西友（SEIYU）和佳世客（JUSCO，現在的永旺）等綜合超市（General Merchandise Store，簡稱GSM）取代。尤其是到了一九七二年，大榮甚至還超車三越，登上日本零售業營收龍頭的寶座。

【表 2-3　日本零售業營收排行】

	1960 年度	1970 年度	1980 年度
1	三越	三越	大榮
2	大丸	大丸	伊藤洋華堂
3	高島屋	高島屋	西友
4	松坂屋	大榮	佳世客
5	東橫	西友	三越

註：網底部分為百貨公司。
資料來源：日經流通新聞〈日本零售業調查〉各年度版

7 日本政府自 1947 年起，每年都會發表的年度經濟報告。

8 池田勇人首相上任後，祭出「國民所得倍增計劃」，目標要在 1961 年起的十年內，讓國民生產毛額達到 26 兆日圓，簡而言之就是要讓民眾的月薪翻倍。後來雖只花了約七年時間，就提前達到原先的目標，卻也為日本社會帶來公害、人口過度集中，以及破壞自然環境等問題。

4. 綜合超市的成長與其幕後機制

日本的百貨公司自創業迄今，已累積了相當長的歷史，再加上發表「百貨公司宣言」之後，百貨公司銷售的商品越來越廣泛，因而確立了它在零售業界的地位；相對的，綜合超市自創業後，則是以驚人之勢迅速竄起，奠定了它在零售業界的地位。舉例來說，大榮超市一路快速成長，在創立15年後，也就是一九七二年時擠下三越，坐上日本零售業營收龍頭的寶座，而當年三越正逢創立300週年。

然而，綜合超市只是因為擴大了銷售品項，就凌駕百貨公司，成為零售龍頭了嗎？其實並非如此。若要談綜合超市在日本迅速竄起的背景，當然就不能忽略當年包括大榮在內的各家業者積極展店，推動連鎖化的作為。

◇「百貨公司夠大」、「超市夠多」

如前所述，百貨公司因為擴增了銷售品項而推升了營業額。相對的，綜合超市銷售的商品數量雖然不如百貨公司，卻能以百貨公司無法企及的腳步展店。大量展店有什麼好處呢？就特定商品而言，大量展店能讓單一零售業者的可採購、可售出的商品數量大增——這正是超市要積極展店的原因。

假設某家零售業者旗下就只有一家大型店。那麼即使這家門市的規模再大，恐怕也沒有幾個客人願意不遠千里，花單程好幾小時的車程來消費。因此，就特定商品來看，這家店可售出的數量想必還是有限。相對的，若擁有幾十家、幾百家門市，單一商品可售出

專欄 2-1

連鎖經營

一家零售業者旗下經營多家門市的做法，就是所謂的連鎖經營（chain operation）。同一家百貨公司，旗下至多只會經營 10 到 20 家分店；但看看日本幾家較具代表性的綜合超市，就會發現它們都有逾百家門市，例如永旺有 626 家門市（二〇一七年二月統計），西友有 338 家門市（二〇一八年二月統計），伊藤洋華堂則有 167 家門市（統計日期同上），而 UNY 也有 191 家門市（統計日期同上），連鎖化的趨勢可見一斑。就如正文中所提，零售業者推動連鎖化的確有利可圖，而為數眾多的門市，往往也能為業者帶來競爭優勢。

連鎖經營有三種型態（圖 2-1），第一種是日本超市業者所選用的直營連鎖（regular chain）。所謂的直營連鎖，就是在同一個資金來源支持下，經營多家門市的連鎖型態。換句話說，即使門市數量再多，這些門市也都是屬於同一家企業所有。

第二種是便利商店通路所採用的特許加盟（franchise chain）。這種加盟型態，是建立在「總部（franchiser）提供商標使用權、門市營運技巧等資源給加盟店（franchisee），再按營收或獲利比例，向加盟店收取權利金」的契約關係之上。7-Eleven 能開出約 2 萬家門市（二〇一八年統計。僅計算日本國內門市，以下皆同），全家便利商店擁有 1 萬 7 千家門市（統計日期同上），羅森（LAWSON）便利商店也有約 1 萬 3 千家門市（二〇一七年統計），都是因為他們不僅由自家企業出資開店，同時還開放加盟的緣故。

第三種則是由多家獨立經營的零售業者，在採購或促銷層面共同合作的連鎖型態，也就是所謂的自願加盟連鎖（voluntary chain）。早期除了直營連鎖之外，所有連鎖都統稱為加盟連鎖，且不一定是由零售業者主導，還可能是由批發業者或製造業者出面統籌。這種連鎖型態設有共同的目標，也有契約規範，但相較於前兩種連鎖，自願加盟連鎖的總部，控制力較薄弱，加盟、退出也較有彈性。

【圖 2-1　連鎖經營的三種型態】

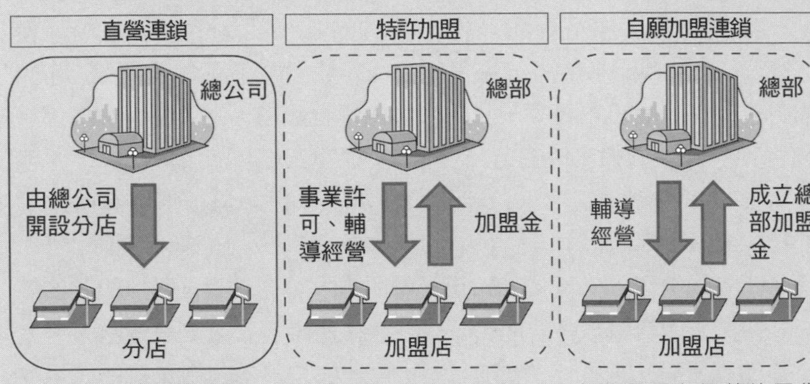

直營連鎖	特許加盟	自願加盟連鎖
由總公司負責開設分店，展開連鎖化經營。總公司和各分店都屬於同一家企業。	由總部向大眾募集加盟店。 總部會從前來申請加盟的企業當中，選出合格者，並提供事業許可，發展加盟，並指導加盟店經營。而加盟店接受這些服務的回饋，就是要支付加盟金。 總部和加盟店分屬不同企業。	由幾家獨立經營的零售商，自發性地共同籌設總部。總部負責輔導門市經營，加盟店則要支付加盟金，作為接受輔導的回饋。 總部和加盟店分屬不同企業。 獨立經營的零售商為推動一些無法自行完成的業務效率化，所籌組的自願性聯盟。

的總數就會大增——畢竟不只是各地都有想買這項商品的顧客，還要有能應付顧客需求的商家才行。

「有能力創造單一商品的高銷售量」意味著什麼呢？對於銷售商品給零售商的製造業者或批發業者而言，這樣的綜合超市是大戶中的大戶，這些店家的意見或需求，更是不容忽視。因此，對綜合超市來說，大量展店可帶來壓低採購價格的優勢。誠如專欄2－1所述，連鎖經營有三種類型，而綜合超市是以直營連鎖的方式大量展店，才能以百貨公司無法企及的水準，快速成長。

◇綜合超市改變了銷售方式

當綜合超市打算大量展店時，若要銷售一些需售貨員具備專業知識的商品，或許就會因為僱不到合適的銷售人才而無法展店。然而，如今的綜合超市，銷售的商品包括生活必需品在內，都是消費者自己就具備相關商品知識，對消費者而言很日常的商品。所以，超市採取的，是即使店裡沒有對商品知之甚詳的售貨員，顧客也能自行將商品放進購物籃，再到收銀區排隊結帳的購物模式。

消費者進店前先拿購物籃，再自行到貨架挑選商品，放進籃子裡，接著到收銀區排隊的光景，今時今日已是稀鬆平常，但直到一九五〇年代之前，這樣的購物行為根本就不存在。綜合超市就是採取了這一套自助服務的模式，才成功地為許多顧客扮演起供應日常生活用品的角色。

採用自助式銷售，可讓消費者除了結帳收銀外，全程都不必與售貨員接觸，就能完成採買，有效縮短顧客從進店到購物完畢、走出店家所需的時間。就商家的立場而言，這意味著顧客的週轉率上升，是一大優點；對消費者來說，擺脫了售貨員的糾纏，讓他們更能自在地走進店裡。現在有很多消費者會為了「打發時間」而走進便利商店等店家，而這樣的習慣，其實深受「自助式銷售」普及的影響。

5. 結語

以往，在百貨公司推動各項創新之前，購物是一件既繁瑣又麻煩的活動。而在綜合超市誕生、壯大之前，現今我們習以為常的多門市經營，也就是像「連鎖店」這樣的店家，根本就不存在。

專欄 2-2

面對面銷售與自助式銷售

走進商店，拿個購物籃，再把陳列在貨架上的商品放進籃子裡。接著再把購物籃拿到收銀台，完成結帳——這樣的購物方式，就是所謂的「自助式銷售」。如今它已是你我習以為常的動作，但其實自助式銷售問世迄今，才僅60多年時光。從零售業出現到自助式服務問世的這段期間，由售貨員直接向消費者銷售商品的服務型態，則稱為「面對面銷售」。而百貨公司至今仍以面對面銷售為主，原因在於百貨公司的出現，比超市更早。

那麼，為什麼百貨公司沒有更早採用自助式銷售手法呢？因為當年市面上還沒有自助式銷售所需要的各項硬體，包括陳列商品供顧客瀏覽的貨架、容器，裝商品用的購物籃，以及快速計算顧客選購商品總金額的收銀機。這些硬體齊備之後，才促成了超市引進自助式銷售的契機。

此外，若要採用自助式銷售，那麼貨架上所陳列的商品，就必須是消費者熟悉的品項才行。今日我們對自助式銷售早就習以為常，但在貨架上看到陌生商品時，難免還是會想請店員過來說明一下。綜合超市在發展連鎖化之後，開始大量採購商品，才能以強大的購買力為後盾，敦促製造業者開發適合自助式銷售的商品。

選擇自助式銷售，不僅能為零售業者節省售貨員的人事費用，消費者也能更自在地走進店裡，輕鬆拿起多款商品比較，好處多多。因此，現在還是有很多零售業者採行自助式銷售，以打造出讓消費者更能輕鬆購物的商店。

? 動動腦

1. 比較自助式銷售與面對面銷售，想一想什麼樣的商家適合自助式銷售，又有哪些商家適合面對面銷售？
2. 近年來，日本的百貨公司吹起了整併風潮，像是松坂屋併大丸，伊勢丹與三越整合等。請想一想為什麼會發生這樣的現象？
3. 綜合超市在發展多元、綜合的過程中，大舉增加了店內銷售的品項。這樣做有哪些優、缺點？

參考文獻

石原武政、矢作敏行編《日本流通100年》有斐閣，2004年
中內　㓛《我的低價哲學》千倉書房，2007年
藤岡里圭《百貨公司生成之路》有斐閣，2006年

進階閱讀

石井淳藏《中內　㓛》PHP出版，2017年。
鹿島　茂《發明百貨公司的夫婦》講談社現代新書，1991年。
崔　相鐵、岸本徹也編《從零開始讀懂流通體系》碩學舍，2018年。

第 3 章

食品超市與便利商店

1. 前言

以往，大榮超市的創辦人中內 曾發下豪語，說「營業額會療癒一切」，並堅持採行以大型門市壯大企業的政策。另一方面，也有一些零售業者運用與綜合超市截然不同的思維，讓新的零售業態在日本紮根——為食品超市打造出創新機制的關西超級市場，以及引領日本便利商店業界風潮的日本7-Eleven，就是這樣的案例。

就門市規模而言，他們都比不上綜合超市。這些零售商店，到底具備了什麼樣的優勢呢？本章就要來探討這個問題。其實便利商店和食品超市，與我們的生活都有著密不可分的關係。各位不妨想想，自己一年到頭究竟有幾天不去便利商店，應該就能明白它對你我有多重要。所以截至二〇一八年六月，日本全國已有5萬5,320家便利商店門市（便利商店統計調查月報，二〇一八年六月）。

食品超市的展店數量，並不如便利商店那麼龐大。能在特定地區開個上百家門市，就已經是相當可觀的規模。況且食品超市的客源不像便利商店，族群較受限。除非是自己一個人住，否則不會那麼頻繁地到食品超市去採買。不過，截至二〇一八年，食品超市在日本全國竟也有多達1萬8,705家門市（百貨公司有200家，綜合超市則有1,837家。相比之下，應該不難看出食品超市的店數有多可觀。食品超市與綜合超市的數字來自超級市場統計調查事務局，百貨公司數字來自日本百貨店協會），同樣是你我生活中不可或缺的要角。

便利商店擅於運用資通訊科技，迅速地補充商品；食品超市則很懂得如何讓商品全數賣出，不留殘貨。在本章當中，我們要從當年這些業態問世時，日本市場的情況說起，和各位一起來探討它們的競爭力何在。

2. 追求新鮮的關西超級市場

◇日本的餐桌與生鮮食品

對許多民眾而言，食品超市應該是生活中最熟悉的店家之一。看看日本人的餐桌，要是少了可供採買的食品超市，想必一定會很難安排菜色。

儘管食品超市是如此地照料著我們的生活，但當我們聽到它是「創新的零售業」時，或許還是會感到有些錯愕——因為同樣是超市，食品超市和前一章介紹的綜合超市相比，店面的規模較小，也沒有流行服飾或家電的賣場。不論是一九三〇年在美國紐約州開幕的金庫倫（King Kullen），也就是相傳全球超級市場的始祖；或是一九五三年在東京青山地區開出全日本第一家超級市場的紀之國屋（KINOKUNIYA），都是以食品為銷售主軸。就這個角度而言，食品超市的歷史，在零售業界當中可說是最悠久的。然而，後來進入高度經濟成長期，在日本發展壯大成零售業主角的超市類型，卻是那些不只賣食品，還供應服飾、日用品和家電等，銷售品項包羅萬象，規模龐大的綜合超市。食品超市的存在感，反而顯得有些薄弱（圖3-1）。

不過，要支應日本餐桌所需，當年的綜合超市其實還有些力有未逮——原因在於日本市場對生鮮食品的獨特需求。

很多人都說日本人對食品的鮮度極為敏感。即使是經過崇尚生活西化的高度經濟成長期洗禮，日本家庭的餐點，還是會使用大量的生鮮食材，包括新鮮蔬菜和鮮魚等。因此，很多家庭主婦都會依當天的菜色內容，每天採買需要的食材，且只購買需要的份量。當時日本私家轎車的普及程度，還不如美國。民眾要到那些不見得開在自家附近的大型綜合超市採買，談何容易。所以大家往往還是會仰賴那些開在住家附近的商店街或菜市場，向裡面的青果行或魚販買東西。

不僅如此，銷售生鮮食品的難度也相當高。例如同樣是食品，生鮮食品可供食用的效期很短，和那些殺菌後才裝袋或裝瓶的加工食品無法相提並論，因此鮮度當然更顯重要。以自助式銷售提升營運效率的超級市場，由於這個因素，增加了他們銷售生鮮食品的難度。

【圖 3-1　各類超市業種的營收占比推移】

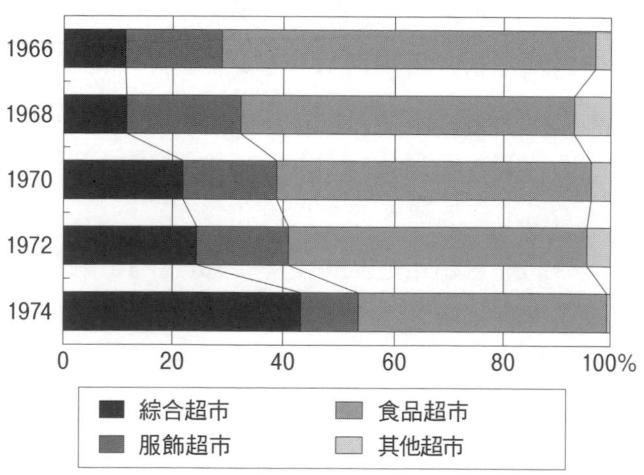

資料來源：建野堅誠〔1992〕〈我國超市成長〉《長崎縣立大學論集》第25卷第3、4號，第117頁。

例如蔬菜在採摘之後，鮮度就會一路下滑。上午剛從從批發市場送到門市時，看起來還顯得水嫩欲滴；但到了多數客人上門的傍晚時分，早已不再新鮮。顧客不願買下這些賣相欠佳的商品，於是業者就必須適時調降價格，以吸引消費者購買。又因為這些蔬菜不能留到隔天，超市為了避免賣剩報廢（＝產生報廢損失），便會在打烊前大減價，以求出清商品（＝產生降價損失）。然而，業者也不能因為擔心商品賣不完，就只少量進貨，否則恐將導致店內商品迅速售罄，錯失上門顧客原本可以貢獻的那些營收（＝產生機會損失）。換句話說，掌握常保商品新鮮的商品保存技術，以及既能降低損失，又可貢獻獲利的定價技術，變得格外重要。

再以鮮魚和肉品為例，它們除了要新鮮之外，還必須先處理成方便顧客——也就是家庭主婦自行烹調的狀態，再上架供應。因此在魚店或肉舖，店員都會依顧客需求，用熟練的刀工將魚剖成三片，或將肉品切片等。可是這樣的做法，要在捨棄面對面銷售，改採自助式銷售的超市賣場裡執行，難度很高。

因此，當時的綜合超市想到的方法，是請門市附近的青果行、魚店和肉舖直接進駐生鮮三品（蔬菜、水果等蔬果，加上鮮魚和肉品）賣場設置櫃位。不過，據說這些商家師傅作生意的方法，和超市這種明訂營業時間，供應給每一位顧客的商品品質都要一致的企業化經營衝突頗多。再者，這些商家採取家業式經營（＝一家人自行經營）的做法，在進入追求大量展店的超市設櫃之際，將成為一大限制。

◇創新的「關西超做法」

在日本人的餐桌上，生鮮食品是不可或缺的重要商品，卻基於上述這些原因，使得它們必須跨越相當高的門檻，才能順利進入超市販售。敢於挑戰這個難題，成功將「銷售生鮮食品」轉為自家企業競爭優勢的創新企業，不是當年的零售業要角——綜合超市，而是一家總公司設在兵庫縣的食品超市「關西超級市場」（以下簡稱關西超市）。

關西超市於一九五九年創業時，在生鮮食品的部分採用了請廠商進駐設櫃的做法。然而，前面談到的那幾個問題，讓關西超市傷透了腦筋。對綜合超市而言，生鮮食品只不過是眾多商品的一部分；相形之下，關西超市是以食品為主要品項的食品超市，生鮮食品銷售上的難題，影響更是嚴重。

一九六七年，超市的同業公會組團前往夏威夷的時代超市（Times Supermarket）考察，當時關西超市的北野祐次董事長，據說在看到店內陳列、保存生鮮食品的冷藏設備，以及既適合自助式銷售，又能保鮮的商品包裝後，大感震撼，便在回國後立即著手規劃，要讓那些做法都移植到自家門市。

美國已有成功範例，但那一套不能直接複製到日本的超市店頭。舉例來說，冷藏設備不能只是「夠冰就好」。因為美國超市賣的，多半是較能長期保存的蔬菜，例如根莖類或花椰菜等；而日本則以菠菜和茼苣等葉菜類為主，大多是無法長期保鮮的蔬菜。另外，在肉品方面，美國超市賣的都是大型的原塊肉品；日本則是以肉片居多。至於鮮魚等商品，日本人的要求之高，美國人根本無法相提並論。因此，每一種食材都要安排合適的冷藏方法，才能妥善為食品保鮮。

由北野董事長所帶領的團隊，為了成為一家沒有專業師傅，只靠正職和計時員工，就能設法充分供應各種平常會出現在日本餐桌的家常菜食材，不斷努力催生出各式各樣的獨門創新。

首先，關西超市為了因應日本人餐桌上的蔬果需求，獨家開發了一種不是用來冷藏，而是要為食材保鮮的設備——「開放式冷藏展示櫃」（陳列商品用的貨架和展示櫃，在顧客觀看、拿取商品的這一端不設門）。為此，關西超市還請大學的植物生理學教授指導，仔細研究了溫、濕度的管理方法。還有，關西超市也運用了很多巧思，開發出既能保鮮、又方便採用自助式銷售的分切方法，以及能預先將分切商品包裝妥當的「預包裝」方法與包材（生鮮托盤和保鮮膜）等。這些方法不僅能用於蔬果，也可應用在鮮魚或肉品銷售上。

若單從效率觀點來思考，食品加工和包裝等需要大量人力的作業，或許該集中在大型加工廠，放在輸送帶上操作較理想。然而，關西超市以鮮度至上，因此他們的目標，是要做到「店內加工」，也就是讓生鮮食品在門市賣場的後場加工，讓顧客都能買到剛剛才處理完成的新鮮商品。為了盡可能提高這些作業的效率，關西超市設法分拆作業，並建立標準作業手冊，讓新進員工和計時人員可在短暫研習後，就能上線操作。另外，為提升商品搬運、加工、儲存等作業的效率，關西超市重新檢視了門市內的配置，以及機器、工作台等設備的高度，甚至還安裝了無縫平放在地板上的冰箱，和輕推就會自動開啟的門等等，花了很多心思。他們開發出一套「台車輸送法」，讓食物在這一連串的加工流程中，都放在專為後場加工

【照片 3-1　鮮魚的開放式冷藏展示櫃與店內加工】

資料來源：關西超級市場股份有限公司

而設計台車上搬運。此舉對於降低後場的人力需求、預防缺貨和優化產品品質等，都很有貢獻。

這一套創新的鮮度管理機制，後來被稱為「關西超做法」，日本全國各地的超市業者爭相學習箇中專業，群起仿傚。如今，我們對於超市裡設有擺放蔬菜和鮮魚的開放式冷藏展示櫃、生鮮食品盒裝販售，以及商品從賣場後面（後場）用台車搬運到賣場等，都覺得是司空見慣的光景。然而，這些其實都是關西超市為了讓你我都能輕鬆採買到生鮮食品，大舉推動創新的成果。

從企業經營管理的角度來看，我們可用兩項成果，來肯定「關西超做法」的創新性：首先是關西超市的「耗損率」驟減。零售業所謂的「耗損」，就是依原訂計劃銷售商品時可望獲得的營收，與實際進帳的營收落差，當然也包括商品失竊等損失。不過，這裡我們要探討的，是為了降低殘貨而降價求售，所衍生的「降價損失」，以及因為商品過期報廢，所衍生的「報廢損失」。據說關西超市早期的耗損率都在10％左右，確立生鮮食品的鮮度管理機制後，耗損率竟降到了2％以下。食品超市本來就是以「薄利多銷」為基本經營路線，耗損率對營收的占比是10％或2％，對企業經營究竟會造成多大的影響，各位應該不難想像才對。面對「如何以更好的效率，補上最新鮮的商品」這個課題，關西超市提出了一套解決方案。

關西超市在創新方面的另一項成果，就是落實了「標準化連鎖店」的概念。總部（集中採購）與分店（只負責銷售）的分工，在連鎖經營當中是不可或缺的一環。若是由一家零售業者經營多家門市，那麼盡可能統一門市大小、結構和店內設備等，就可望節省設計成本，也有機會透過設備整批採購的方式，壓低採購成本。連鎖經營要做的，就是落實這樣的門市標準化。然而，以往只追求門市家數成長的綜合超市，很多開在不同地點的門市，規模、結構和商品搭配等都不一樣。關西超市推動門市標準化，就連後場也納入改革，可說是真正地體現了連鎖經營的概念。

3. 追求方便的日本7-Eleven

相傳「關西超做法」是到了關西超市的大阪高槻店開幕前後，也就是一九七四年十一月才真正確立。與此同時，東京還有另一種創新的零售業態即將問世——日本7-Eleven建構出了一套日式便利商店系統（以下簡稱便利商店）。它以鮮度和連鎖經營為武器，這一點與關西超市相仿。而它的第一家門市，則同樣於一九七四年的五月，在東京的江東區盛大開幕。

◇日本市場想要的便利商店

在美國，便利商店早已是一種相當普及的零售業態。而在日本，約莫是在一九七〇年前後，市場上才開始出現一些自稱為便利商店的零售通路。然而，日本7-Eleven堅持打造出有別於美式風格，真正符合日本風俗民情的便利商店，我們經常光顧的便利商店，才會發展成如今這種樣貌。

日本主要的便利商店連鎖品牌，原本都是由綜合超市操盤經營。例如日本7-Eleven是由伊藤洋華堂成立的公司，羅森是由大榮開設的企業，而全家便利商店幕後的經營主體，則是由西友所開設的迷你超市。

綜合超市會跨足便利商店的經營，是因為他們想透過這個事業，來推動公司未來的成長。大榮的營收在一九七二年首度超車三越，成為日本零售業的龍頭。就業態來看，當時超市的營業額也超越了百貨公司，名符其實地成為零售業的主角。另一方面，由於顧慮到綜合超市的快速成長，可能會威脅到中小型零售業的生存，於是日本政府在一九七三年頒布了「大規模小賣店舗法（大店法）」，規範了零售商店的店舖規模與營業時間；而反對綜合超市大型店展店的運動，也在日本各地烽煙四起。諸如此類的變化，讓綜合超市的經營環境更顯艱困。

便利商店能帶給日本消費者一些綜合超市無法提供的價值，因而成為你我生活中不可或缺的良伴。而這裡談的價值，簡而言之就是如這種零售業態名稱所呈現的——方便（convenience），說得更具體一點，就是「立地」、「時間」和「商品搭配」上的方便。

走過高度經濟成長期之後，日本人的生活環境出現了很多變化。女性的社會參與，以及包括年輕族群在內的喜好變化，使得民眾購物的時段拉長，並崇尚生活的效率與簡便。而傳統零售商店以家庭主婦為主要目標客群，因此越來越難對應新客群的需求。

便利商店所提供的「立地」方便性，就是它在民眾的生活圈裡到處都有門市；「時間」上的方便性，則是它隨時都在營業，能滿足民眾各種生活場景的需求。有需要時馬上就能到店消費，正是便利商店的方便之處。

不過，如果沒有顧客想要的商品，就算隨時都能上門消費，恐怕顧客也不會到這樣的店家購物。就這個角度而言，便利商店能贏得眾多顧客的支持，很大一部分是因為它提供了「商品搭配」上的方便，隨時有售迷人商品的緣故。

況且便利商店必須在小小的門市裡，發揮上述這些功能。若要像超市那樣，以確保大規模土地或建物為展店前提的話，就很難在民眾的生活圈裡到處展店。實際上，日本很多便利商店門市以往都是食品商行或酒商，後來因為老闆加盟便利商店連鎖而轉型，所以賣場面積都不大。說穿了，一家寬敞的店面，或許能陳列出更琳瑯滿目的各式商品，但就顧客的立場而言，要在佔地廣闊的自助式銷售店面裡走來走去，實在很難說是方便的購物環境。另外，店面越小，越是不能擺放太多庫存，但又必須迅速地為賣掉的商品補貨。

日本7-Eleven為解決這些矛盾，進而為日本消費者提供「方便」這項價值，竟成了催生多項創新的推手。

◇運用資訊與物流保鮮

日本7-Eleven能在門市呈現出迷人的商品搭配，重點在於「鮮度」。不過，便利商店與食品超市不同，生鮮食品並不是他們的主力商品。因此，所謂的「鮮度」，在便利商店是指「即時陳列出『顧客現在想要的商品』，不能缺貨」的意思。

然而，便利商店的門市面積原本就不大，還要盡可能節省倉庫空間，以規劃更寬敞的賣場。換言之，便利商店很難廣納各類商品，連那些不知是否有銷路的商品都上架。因此，如何極力篩選出「暢銷品」，並排除「滯銷品」，成了便利商店經營上的一大要點。

那麼，究竟該怎麼篩選呢？日本7-Eleven過去一直領同業之先，精心打造出的精密資通訊系統，在這當中扮演了相當關鍵的角色（圖3-2）。

日本7-Eleven從結帳時使用的POS收銀機（專欄3 - 1），到門市用來下單和管理庫存的專用裝置，全都透過通訊網路與總部連線。各家門市隨時會將「哪些顧客、在什麼時候、買了什麼商品、同時還買了什麼」等資訊傳給總部，總部則匯總這些來自全國各門市的數據，分析出「哪些商品在何種條件下有機會熱賣」。

這些分析結果，或其他來自總部的各種提案等，會再透過同一套通訊網路，回傳到設置在門市後場的電腦裡，或由實際定期巡訪門市的門市指導員告知店長、員工。如此一來，各門市負責叫貨的人員就能根據這些資訊，並考量自家門市的特殊條件後，決定下單內容，讓暢銷商品得以確實陳列在貨架上。

不過，要是暢銷商品無法即時陳列到店頭的貨架上，等於沒有充分運用這些寶貴的銷售資訊。因此，日本7-Eleven苦心建立的精密物流系統，便成了重要的關鍵。這裡要討論的重點，是「少量高頻率配送」和「優勢（集中）展店」。

【圖 3-2　日本 7-Eleven 的資通訊系統】

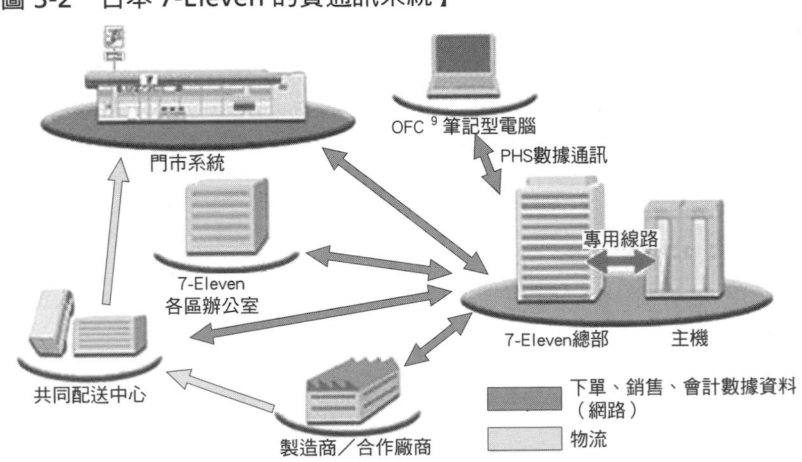

資料來源：日本7-Eleven官方網站
（URL: https://www.sej.co.jp/company/aboutsej/info_01.html，2018年8月5日瀏覽）

9 區顧問（Operational Field Consultant）的縮寫。

專欄 3-1

POS

POS 是 point of sale 的簡稱，中文譯為「銷售時點」。便利商店等商家裡所設置的「POS 收銀機」，除了具備自動計算結帳商品金額的收銀功能之外，還是一部會收集顧客消費資訊的機器。

便利商店裡的 POS 收銀機上，設有多個紅、綠按鈕（各連鎖通路的機型設計略有不同），站收銀的店員，會觀察站在櫃台彼端的顧客，判斷對方的性別和年齡層，再按下相應的按鈕，也就等於是在輸入「什麼樣的顧客、在什麼時候、買了什麼商品」等資訊。不按這些按鈕，放找零用的錢箱就不會跳出來，所以結帳時一定要確實按下。各位如果有興趣知道「自己看起來像幾歲」的話，下次去便利商店時，不妨仔細瞧瞧收銀機……

最近，會在便利商店使用信用卡或預付式電子錢包消費的人越來越多。用這些卡片結帳，店家可比對顧客的消費記錄，說不定還可以看到持卡人的年齡和居住地等資訊。如此一來，便利商店能取得、分析的資訊，就比 POS 收銀機的性別、年齡按鈕更詳細了。

各位應該不時都能在街頭上，看到貨車停駐在7-Eleven門市前的光景。由於貨車車廂的溫層設定，會依載運的商品內容而異，且商品配送頻率會因為每日銷量高低而有所不同，因此日本7-Eleven的貨車共分為五種類型，在適當的時機，密集地配送各家門市下單的商品。這就是所謂的「少量高頻率配送」（圖3-3）。

可是，要是派出了大貨車，但每次送到門市的商品數量卻不多，那麼配送得越密集，效率就越差。因此，「優勢展店」便成了一大關鍵。所謂的優勢展店，就是「在特定區域範圍內密集拓點」的展店方式。實際上，日本7-Eleven在進軍新區域時，都會同時開設約十家門市。如此一來，就算單一門市的叫貨數量不多，只要一趟出車同時配送好幾家鄰近門市，還是能符合效益。

【圖 3-3　日本 7-Eleven 的貨車配送】

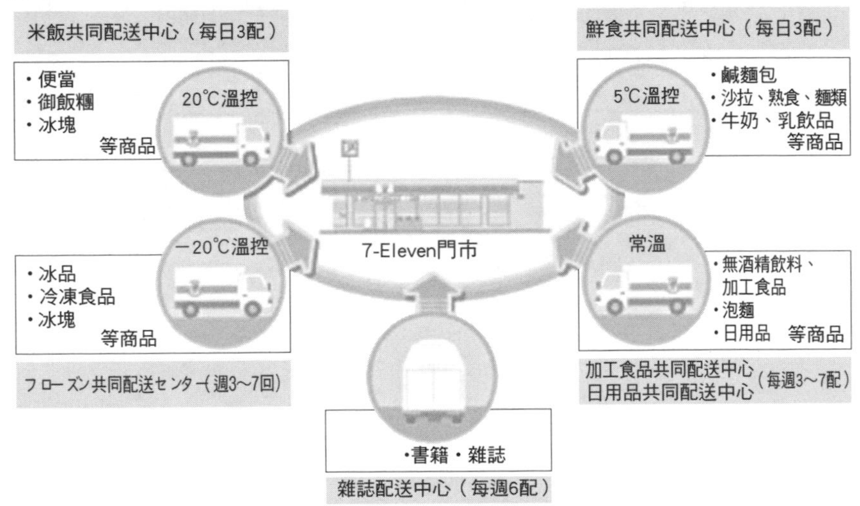

資料來源：日本7-Eleven官方網站
（URL: https://www.sej.co.jp/company/aboutsej/distribution.html，2018年8月5日瀏覽）

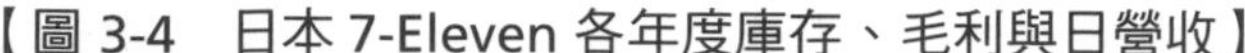

【圖 3-4　日本 7-Eleven 各年度庫存、毛利與日營收】

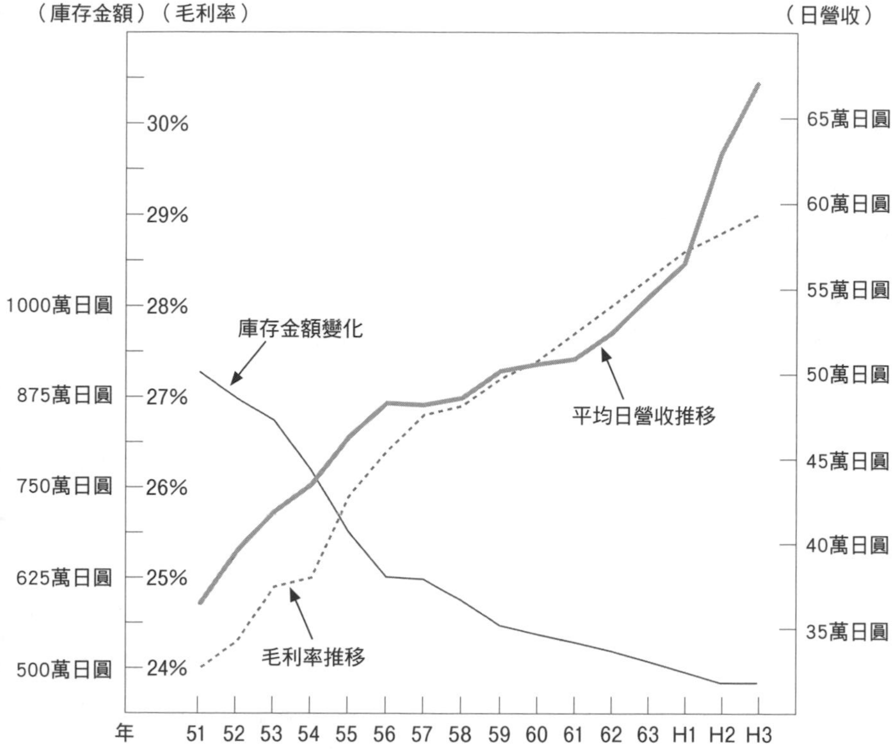

年度 項目	51年 ('76)	52年 ('77)	53年 ('78)	54年 ('79)	55年 ('80)	56年 ('81)	57年 ('82)	58年 ('83)	59年 ('84)	60年 ('85)	61年 ('86)	62年 ('87)	63年 ('88)	H1年 ('89)	H2年 ('90)	H3年 ('91)
期末平均單店庫存金額（千日圓）	9090	8730	8430	7740	6890	6260	6230	5940	5590	5470	5360	5240	5100	4950	4800	4800
平均毛利率	24.0	24.3	24.9	25.0	25.9	26.4	26.8	26.9	27.2	27.4	27.7	28.0	28.3	28.6	28.8	29.0
平均單店日營收（千日圓）	365	396	419	435	463	483	482	486	502	506	509	524	545	565	629	670

資料來源：國友隆一、高田敏弘〔1992〕《伊藤洋華堂集團 高收益業革這樣做》Kou書房，第43頁

有了這樣的物流機制，門市即使沒有儲放存貨的空間，還是能隨時讓顧客買到想要的商品，維持「方便」狀態。同時，從企業經營的觀點來看，這些措施也帶來了可喜的成果。圖3-4呈現的是日本7-Eleven自創業以來約20年的經營數據。從圖中應可看出，期末庫存金額逐年降低，也就是那些不知是否有銷路（鮮度低）的庫存商品減少，營收和獲利也隨之上升。

日本7-Eleven因為建置了精密的資通訊系統，使得總部與門市之間得以各司其職。而這樣的「連鎖經營」，如今已成為日本7-Eleven在競爭上的優勢。

4. 結語

食品超市和便利商店，都是早已存在美國市場的零售業態。然而，正因為零售業是個要與消費者直接接觸的行業，所以如何建立符合市場狀況的機制，至關重要。關西超市和日本7-Eleven，透過一次又一次的各式創新，打造出了日本獨有的食品超市與便利商店通路。

這兩家企業的共通點，在於他們都致力於落實消除商品耗損。關西超市有售難以管理鮮度的生鮮食品，卻能大幅改善降價損失和報廢損失；而日本7-Eleven則是講求要在賣場空間有限的便利商店裡，確實擺出暢銷商品，供應給顧客（消除機會損失）。他們各自透過創新手法，跨越了「效率」和「鮮度」這兩個互相矛盾的難題，並打造出一套「在消費者需要的時候，將消費者想要的商品，以極新鮮的狀態，持續有效率地送到店頭補足」的體系，所以才能在日本的零售業界自成一種業態，並在市場上紮根。當我們把「新鮮的商品，就應該在我想買的時候陳列在店頭」視為理所當然時，背後其實是這些企業創新的心血結晶——我們必須要有這樣的體認。

再者，雖然這兩家企業都是零售業，但他們都跨足到「商品產製」的領域，讓門市更吸引人。關西超市是在極新鮮的狀態下，將蔬菜、魚、肉等產品分裝妥當，在店內為這些商品增添價值，而不是進了貨就直接轉手賣出；日本7-Eleven則是透過資通訊系統，取得顧客的消費數據資料，甚至還將這些資料運用到新商品的開發上。若數據資料顯示店頭現有商品可能無法滿足消費者需求時，日本7-Eleven就會向製造商提出新商品企劃的建議，或以自有品牌商品（由零售業者研發規格，再下單請製造商生產，又稱為PB）的形式，讓企劃構想付諸實現。零售業「只是左手採購，右手賣出」的既定印象，在這兩家企業身上都不適用。

這兩家企業還有一個共通點，那就是他們迄今仍為了催生更多創新而努力不懈。不論食品超市或便利商店，都不是早已定型的傳統業態。舉例來說，便利商店為了不斷地追求更多「便利」（convenience），接二連三地追加了ATM、代收公共事業等費用，以及宅配等服務，這些都是便利商店問世之初所沒有的。而隨著時代的變化，也有越來越多經營食品超市的企業，開始充實「中食[10]」品項，或積極發展線上超市。近年來，以往在收益上仍有課題待解的行動超市（專欄3-2）也開始受到各界矚目，未來發展可期。

10 介於「外食」與「內食」之間的概念，意指購買已烹調完成的便當、現成菜餚等商品，在家享用的行為。

專欄 3-2

行動超市「篤志丸」

如今，你我採購日常生活所需最不可或缺的管道，莫過於食品超市。然而，由於零售業的過度競爭，部分難有利潤可期的區域，成了沒有零售業者願意展店的空白地帶，甚至在少子高齡化的衝擊下，有越來越多消費者成了所謂的「購物難民」。根據日本經濟產業省在平二〇一四年所做的一份調查指出，日本的購物難民約有 700 萬人，未來人數恐怕還會再向上攀升。

在這樣的大環境之下，二〇一二年在德島成立的「篤志丸」（Tokushimaru），選擇發展行動超市業務。過去以傳統商業模式經營的行動超市，很難有利潤可言，而篤志丸卻能持續壯大。他們所採行的商業模式，是請具自營業者身分的「銷售夥伴」自掏腰包，準備一輛小貨車，再由「篤志丸總公司」提供商品結構和銷售的技術指導，並與「在地超市」合作。銷售夥伴向合作的在地超市採購商品，再開著車沿街銷售。而銷售所得的毛利，則是分配給這三方。至於賣剩的商品，會由在地超市負責消化。這樣運作的結果，讓銷售夥伴可以較低風險起步做生意，在地超市也不必承擔高額投資等風險，就能爭取到新顧客，並增加營收。行動超市業者還可透過與顧客建立深厚的關係，明確地找出暢銷商品，降低報廢損失，進而更有效率補足商品。以往那些為了採買而吃

足苦頭的長輩，現在當然就能開心地買東西。彼此呈現雙贏（人人開心，沒有輸家的關係）的局面。

此外，行動超市還能發揮社區巡守、安全確認等公共基礎建設的功能，各界也期待它未來能發展出流通的新風貌。換言之，「行動超市」這一套商業模式，在發展已臻成熟的日本社會當中，將是流通的一項新趨勢，它潛藏著一些新的可能，讓因應年長者需求的「效率性」和「社會性」得以並存。

?動動腦

1. 食品超市所發生的商品耗損，具體而言是什麼樣的問題？請舉出實例來想一想，並加以整理。
2. 請上關西超市的官方網站，查一查它的門市分布在哪些區域。試從它的門市家數和立地範圍，想一想它的展店策略為何？
3. 請上日本7-Eleven的官方網站，查一查它的門市分布在哪些區域。試從它的門市家數和立地範圍，想一想它的展店策略為何？

參考文獻

川邊信雄《7-Eleven經營史：給日本式資訊企業的挑戰》（新版），有斐閣，2003年

嶋口充輝、竹內弘高、片平秀貴、石井淳藏編《業務、流通革新》有斐閣，1998年

森川英正、由井常彥編《國際比較與國際關係的經營史》名古屋大學出版會，1997年

進階閱讀

安土　敏《日本超級市場創論》商業界，2006年

矢作敏行《便利商店系統的創新性》日本經濟新聞社，1994年

第 4 章

廉價商店與 SPA

1. 前言
2. 廉價商店
3. SPA
4. 結語

1. 前言

「什麼？就連這種東西，都只賣100日圓？」「用了高機能素材的商品，價格竟然這麼親民？」——想必這些都是我們在逛百圓商店大創（DAISO），或是優衣庫（UNIQLO）等商店門市時，所感受到的醍醐味。大創百貨所屬的零售業態，是所謂的「廉價商店」；而優衣庫則是所謂的製造零售業（SPA）業態。其實這兩家企業，都在各自的業態當中打造出了嶄新的機制，因而得以快速成長。零售業界的詳細理論內容，後續會在第6章仔細學習，在此我們先從銷售與採購方式的差異，來探討幾個業態。

那麼，所謂的「廉價商店」、「SPA」，究竟是什麼樣的業態？它們是在什麼樣的背景下，壯大成今日的規模？而在這些業態當中的大創或優衣庫，又是什麼樣的企業？各在哪些機制下發展業務？本章將為各位介紹這些內容。

接下來，我們會先複習「廉價商店」的概要，再探討大創的營運機制；然後會再確認SPA的概念，並探討優衣庫的營運機制。最後，我們會整理這兩種業態的特色，為本章做個總結。

2. 廉價商店

◇啤酒的市場狀況

所謂的廉價商店，顧名思義就是訴求低價，會隨時打折出售，或以低價銷售的一種零售業態。綜合超市或食品超市固然也會祭出低價銷售，但多半僅限於特定商品與特定期間；相對的，廉價商店則是以「持續走低價路線，隨時都以低價銷售」為特色。

而這樣的廉價商店，可依銷售品項和定價策略的差異，分為綜合廉價商店、專門廉價商店，以及均一價商店等幾種不同的類型。

首先要看的是綜合廉價商店。它銷售的品項廣泛，從食品到日用雜貨、藥品等都有。唐吉訶德（DON DON DONKI）、MrMax[11]和rogers[12]等，都是綜合廉價商店中極具代表性的翹楚。

專門廉價商店則會主攻某個特定品類，例如家電、藥品、酒水、鞋類或玩具等，銷售品項的路線較專精且深入。各位應該都在家電量販店看過商品的折扣標價旁，還寫著一句「比同業更便宜」之類的廣告。這是他們為了要對抗綜合超市與綜合廉價商店等同業，而選擇發動攻擊，在特定品類祭出深度無與倫比的商品結構和低價。也因為這樣，他們有時還會被稱為是品類殺手（Category killer）。其中最具代表性的通路，包括山田電機（YAMADA DENKI）、友都八喜（Yodobashi Camera）、必酷（Bic Camera）

11 日本的上市公司，原先從事家電銷售，後於 1978 年轉型開設廉價商店。

12 總部位在埼玉縣，門市也多在該縣內。母公司北辰商事原先經營的是保齡球館，後來因為保齡球熱潮退燒，才於 1973 年時將店面簡單改裝成零售通路，號稱是日本第一家廉價商店。

等家電量販店，松本清（Matsumoto kiyoshi）等藥妝店，以及玩具反斗城（Toys“R”Us）之類的玩具量販店等。

最後要介紹的種類是均一價商店。包括本章探討的大創百貨、Seria、CanDo等百圓商店，或是全店商品均一價300日圓的3COINS等，都是以單一價格，銷售多樣商品的通路。

◇廉價商店的營運機制

廉價商店能持續以低價銷售各項商品，背後自有一套獨特的採購與銷售機制。以往，多數企業都是從製造商的暢貨中心（outlet）或現金批發商等非正規管道進貨，才能做到長期低價供應。然而近年來，越來越多零售通路挾著無與倫比的銷售能力，直接與製造商共同開發商品，並壓低進貨價格。接下來要介紹的大創百貨，就是這樣的例子。換言之，這些企業運用大量銷售、大量採購所帶來的「規模經濟（專欄4-1）」來採購商品，才得以持續以低價銷售各式商品。再加上自助式銷售和連鎖經營等手法，讓廉價商店還得以做到低成本經營（圖4-1）。

【圖 4-1　廉價商店的營運機制】

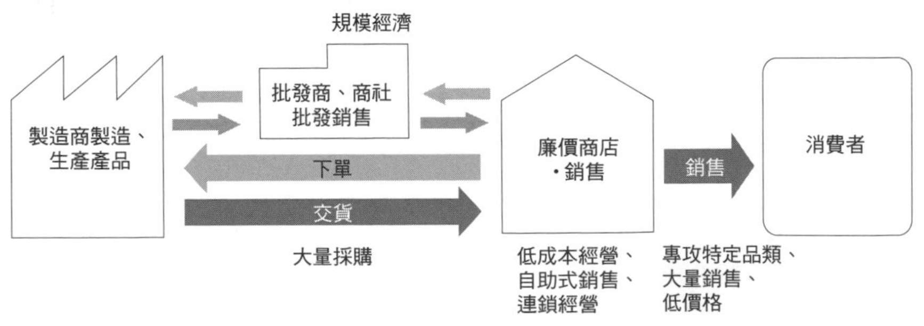

◇大創的概要與歷史

大創產業（DAISO）目前（二〇一六年四月到二〇一七年三月）年營收是4,200億日圓，日本國內有3,150家門市，海外則有1,800家門市。一九七二年創業之初，大創是在綜合超市的店面前，以擺流動攤位的方式起步，扮演暫時性的攬客工具，負責炒熱超市氣氛。當時的銷售品項是以日用雜貨為主，價格也還沒有統一設定為100日圓。

就在這樣的營運條件下，有一天，因為大創延誤了開店的準備時間，為了省下麻煩，（當時的）矢野博丈董事長不加思索地說了一句「那就全都賣100塊好了！」成了開啟大創以百圓均一價銷售商品的契機。然而，當年大創的商品品質並不好。有一次，上門的客人嘀咕了一句「省小錢買便宜貨，到頭來反而吃了大虧」，讓矢野董事長大感震驚。自此之後，大創便重新調整商品內容，大刀闊斧地改善商品品質，甚至還大膽地把商品利潤降到幾乎勉強打平的水準。這一番改革的結果，讓大創銷售的品項，看起來都很不像是用100日圓就能買到的商品。

如此優質的商品，推出後大受顧客好評，帶動營收大幅攀升，結果使得大創的商品採購量大增，連批發業者都調降了出貨給大創的價格。大創改變了他們對利潤多寡的觀念，而這一點成了日後帶動企業營收與獲利成長的契機。

後來，到了一九八〇年前後，大創更積極發展在綜合超市店門前擺攤的行動銷售模式。當時大創的政策，是想爭取過路客的衝動購買，所以研判不容易讓顧客厭膩的行動銷售，是最理想的銷售方式。

後來到了一九九〇年時，超市打烊的時間，從原本的晚上8點，延到了晚上9點。這個變化，促使大創做出了新轉變。當時到晚上6點半過後，行動門市就已經少有顧客上門，但因為超市還在營業，所以行動門市的攤位就不能擅自打烊。在超市門前擺攤營業，反而變得效率不彰。於是自一九九一年起，大創調整營運政策，決定逐步增加固定店面；到了一九九五年時，旗下所有門市都已轉型為固定門市。這樣的轉變，讓大創可以擴大陳列空間，並更進一步增加銷售品項。大創為了讓顧客百逛不膩，便引進了各種可以100日圓銷售的商品。

歷經這樣的變化之後，光是製造商所供應的商品，顯然已經不足以應付大創的需求，於是大創便想到與製造商合作發展自有品牌或共同開發。時至今日，大創在許多品類當中，都有銷售自有品牌或共同開發商品。此外，為了更進一步充實銷售品項，大創也上架了一些非百圓價位的商品。

同時間，大創展店的腳步，更走進了購物中心、馬路邊和商店街等各種不同的區位，門市規模也越來越大。直到現在，大創仍以每月新開約10家門市的速度展店；甚至從二〇〇一年進軍台灣市場後，事業版圖更發展到亞洲、北美、中南美和中東等地，跨足海外的動作相當積極。大創的業務規模，就這樣迅速地擴張。

◇大創的營運機制

矢野董事長曾說，要把大創的門市打造成「讓顧客買得到歡樂的商店，就像遊樂園一樣」（《日經Venture》一九九九年四月號）。以這樣的概念為基礎，大創打造出了以下這些營運機制（圖4-2）。

第一套機制是讓消費者能感受到「挖到寶的樂趣」。大創提供給消費者「不知道賣場裡有什麼商品」的驚奇，避免讓消費者萌生「大創逛膩了」的感受。因此，目前大創銷售的商品品項約有7萬種，每月還會引進500到700種的新商品。

第二則是無與倫比的大量採購機制。據說大創有時會以「100萬個」為單位下單，因此能爭取到相當可觀的規模經濟效益。於是大創就能祭出低於常理的價格水準，並把價差所帶來的驚喜提供給消費者。

第三是共同開發的機制。大創所銷售的品項，99％都是和製造商共同開發的獨家商品。這些商品都是以售價100日圓為前提，由大創與廠商共同開發。矢野董事長表示，「思考如何用100圓來開發出想要的商品」是為大創孕育新創意的泉源。此外，也因為是這樣的售價，所以消費者可以放心採購多項商品。

第四是貫徹低成本經營的機制。由於店內商品絕大多數都是100日圓，所以不必貼價格標；況且商品隨時都賣親民的100日圓，也不需要再印傳單。這些在一般零售通路視為日常的成本，在大創都不會發生，讓大創更能落實低成本經營。

【圖 4-2　大創的營運機制】

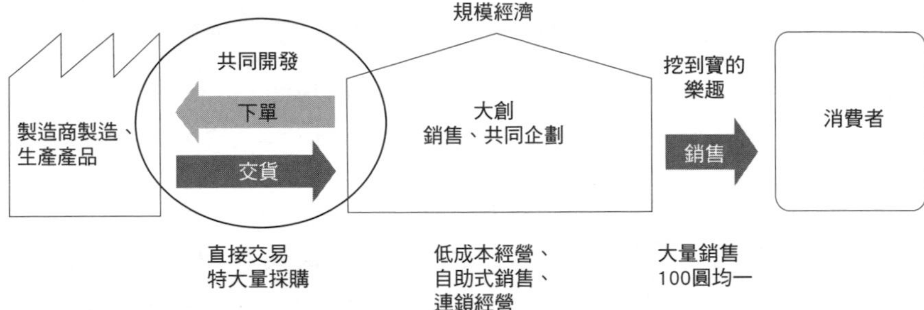
規模經濟
共同開發
下單
交貨
製造商製造、
生產產品
大創
銷售、共同企劃
挖到寶的
樂趣
銷售
消費者
直接交易
特大量採購
低成本經營、
自助式銷售、
連鎖經營
大量銷售
100圓均一

專欄 4-1

規模經濟、經驗效果

所謂的「規模經濟」，是指放大生產規模後，平均每單位產品的生產成本就會遞減，生產的效率和效能則會隨之提升，在日文當中又稱為「量產效應」、「數量效應」。換句話說，它是以大量生產、大量銷售為基礎的一套邏輯。

製造商的工廠越蓋越大，或越設越多；而零售通路也不斷地擴大門市規模與數量。零售通路的採購量——也就是製造商的產量越多，越能把購置設備等固定費，以及共通專業製程的成本，均攤到大量的產品上，進而壓低生產成本。換言之，產量越多，平均生產成本就會隨之遞減（圖 4-3）。

【圖 4-3　規模經濟】

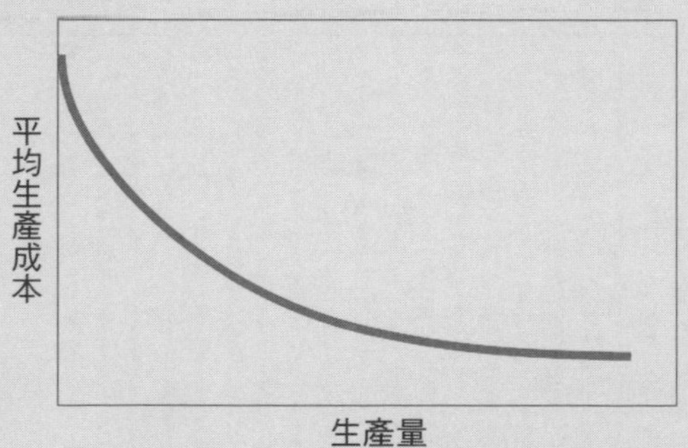

而「經驗效果」則是指當某項產品的「累計」生產量增加時，每單位產品的成本就會遞減。這是因為在生產線上的人員，在熟悉特定生產業務的過程中，會不斷地推動各項改善，點滴累積之下，生產成本就會逐步降低。也因為這樣，它又有「學習效果」之稱。

還有，經驗效果不只出於上述這樣的人為因素，生產設備或製程的改善，也都是讓經驗效果發酵的主要因素——因為在生產製造經驗不斷累積之下，企業會將生產設備或製程調整得更有效率，或可將零件、原料換成價格更低的選項（圖 4-4）。

【圖 4-4　經驗效果】

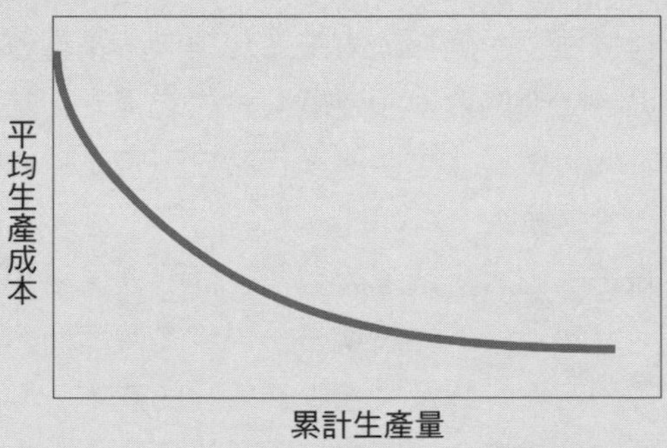

這些規模經濟和經驗效果，不僅在生產面，更可以說是在其他各項企業活動當中，都能看得到的特性。

3. SPA

接著讓我們再來看看SPA。SPA（speciality store retailer of private label apparel的簡稱，銷售獨家品牌服裝的零售通路）意指製造零售業，從零售到開發、生產，都由同一家企業垂直整合、一貫操作的業態，尤其特指那些在時尚業界採行這種機制的企業。不過，採行SPA路線的企業，即使會進行生產管理，但會實際自行產製商品者，其實只佔少數。此外，近年來，當時尚產業以外的零售通路或製造商，跨足到從零售、研發到生產的一條龍事業時，也有人稱之為SPA，意味著它的涵義已越來越廣。

舉凡像是從零售通路到商品開發功能一應俱全的優衣庫，整合成衣製造到零售的和亞留土（WORLD），以及從車縫到零售通路皆一手掌握的颯拉（ZARA）等，都是較具代表性的SPA。

一九八〇年代，為了對抗在美國興起的廉價商店， 促成了這些SPA企業問世的契機。企業追求供應鏈管理，也就是從生產到銷售，所有與這一連串流通過程相關的企業通力合作，致力撙節交易成本，並根據POS資訊補充貨量、開發產品。然而，企業之間的合作，大家終究還是會以自家企業的利益為優先考量，因此不論再怎麼努力，還是有它的極限。於是單純只負責管理整條供應鏈的企業，便應運而生——這就是所謂的SPA企業。美國的蓋璞（GAP）公司，在一九八六年的股東常會上，公開宣示自家企業就是SPA，成了SPA問世的濫觴。

而日本的SPA，正是在模仿美國SPA的過程中，逐漸崛起的一種業態。日本的時尚業界在流通上，同樣面臨了市場漸趨成熟，各

【圖 4-5　時尚產業的傳統分工機制】

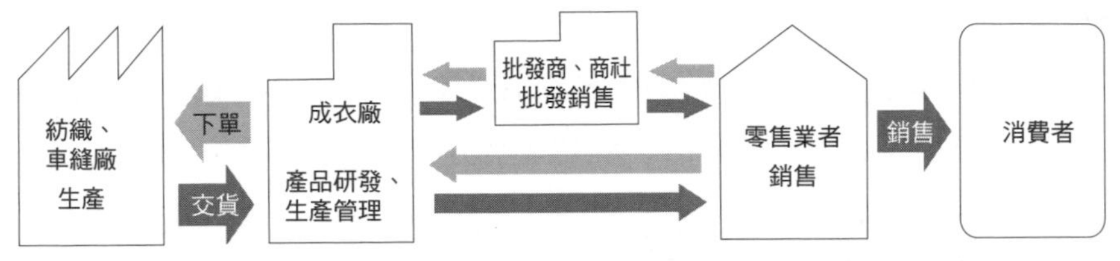

銷售與生產資訊的破碎，導致各階層都有賣不掉的庫存，以及暢銷商品的缺貨問題

個流通階層都庫存過多的問題。日本時尚業界的業務分層繁多，有「紡織、車縫廠」、「成衣廠」、「批發商或盤商」、「零售業」，生產和銷售的資訊破碎，導致每個流通階層都有賣不出去的庫存，而暢銷商品卻總是缺貨的窘境。因此，處於流通各階層的企業，商品週轉率（專欄4-2）都偏低，收益表現也日益惡化（圖4-5）。

◇SPA的營運機制

相對於傳統時尚業界的做法，SPA會根據店頭的POS資訊來進行需求預測，再搭配紡織、車縫廠的生產資訊，以及各流通階層的庫存資訊，進行供需調節（調整供給與需求）——暢銷商品要盡快生產，以免缺貨；出現賣不掉的庫存商品時，就要盡速減產，甚至還可能會祭出停產、折扣出清等。因此，在SPA當中，即使預估銷量再多，也不會一口氣大量生產，而是分多次下單，以降低每次生產的平均產量，再視銷售狀況追加下單。換言之，就是提高整個供應鏈的商品週轉率，進而達到「速度經濟」（economy of speed，請參照專欄4-2）的境地（圖4-6）。

【圖 4-6　SPA 的營運機制】

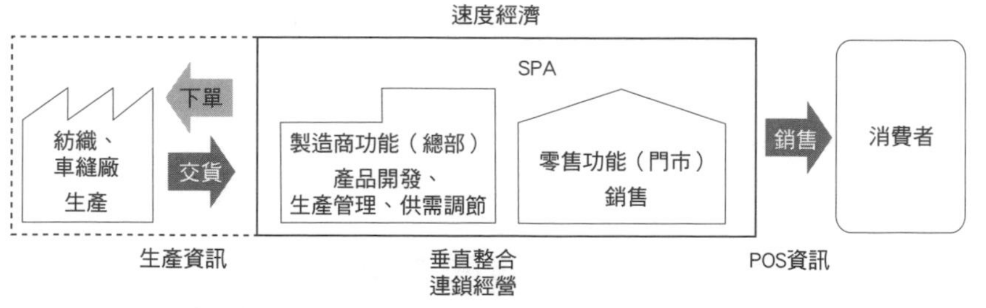

◇優衣庫的概要與歷史

目前（二〇一七年八月底），優衣庫在日本國內的年營收為8,107億日圓，海外則為7,081億日圓；日本國內的門市有831家，海外則有1089家。優衣庫（UNIQLO）是「獨特的服飾倉庫」（UNIQUE CLOTHING WAREHOUSE）之意。優衣庫母公司迅銷集團董事長柳井正表示，這個名稱當中，帶有「隨時都能選購的倉庫」的涵義。

一九八四年優衣庫在廣島開設了第一家門市。當時優衣庫以十多歲青少年男女為目標客群，以低價向廠商採購剩於庫存商品，再以低價銷售，營收表現亮眼。不過，由於門市租金昂貴，整體而言實在算不上是成功。

隔年，優衣庫在下關市[13]所開設的郊區店，為日後優衣庫的發展打開了契機。開設郊區店的投資成本較低，可望吸引開車上門消費的家庭客，也比鬧區更有展店空間。據說當時柳井董事長認為郊區店未來更有發展潛力，於是優衣庫的原型——郊區型、不分男女老幼皆為目標客群的「基本休閒款」，就此誕生。

---

13 下關市位於山口縣，是日本本州最西的縣份。

到了一九八六年，柳井董事長造訪香港之際，結識了當時在全球逐漸開始崛起的SPA企業。運用這些交流所學，柳井董事長大刀闊斧地推動業務轉型，從原本的一般零售轉往SPA發展，同時也萌生了在全球生產、銷售商品的念頭，即現今優衣庫的經營概念。自此之後，優衣庫便開始加快展店的腳步。

不過，事業發展看似一帆風順的優衣庫，到了一九九六年前後卻爆發了相當嚴重的問題：產銷資訊不對稱，導致賣不出去的庫存必須降價出清，造成「降價損失」；還有暢銷商品缺貨，導致「機會損失」，讓現有門市的營收連年衰退。於是，柳井董事長施行了一項名叫「ABC行動」（ALL BETTER CHANGE）的改革。針對ABC行動，他曾做過這樣的說明：「從『如何賣完生產出來的商品』轉型為『如何更快速地生產暢銷商品』。」（《日經商務周刊》二〇〇一年一月十七日號）。以往，優衣庫都是根據銷售預估，在進入該季前就將商品生產完畢，接著再努力銷完。在這一波改革當中，他們調整了做法，以「銷售預估會失準」為前提，轉換為「可依銷售狀況追加」的生產機制。為了落實這一套機制，優衣庫從原有的中國代工廠當中，挑選出表現特別優異者，更加強了雙邊的合作關係。

在改革過程中，優衣庫拍板將於一九九八年秋天，在東京市中心的原宿展店。對東京的年輕族群而言，當年的優衣庫根本沒沒無聞，該如何展開銷售攻勢，成了優衣庫內部熱烈討論的議題。最後，他們決定集中火力，聚焦銷售優衣庫最有信心的商品。這是因為以往優衣庫的門市總會陳列出多款商品，使得「強力推薦」的主打商品不夠明確；顧客也常因為缺貨，而買不到想要的商品尺寸或

專欄 4-2

商品週轉率、速度經濟

「商品週轉率」是以庫存量來比對商品銷售是否夠有效率的一項指標，計算方式是用「銷售額」除以「平均存貨金額」。

【表 4-1　商品週轉率】

商品週轉率	＝	銷售額	÷	平均存貨金額
（例）	年銷售額　2,800 萬日圓		平均存貨金額　400 萬日圓	
	→	商品週轉率　7 次	（商品約每 1.7 個月換新 1 次）	

商品週轉率越高，代表庫存管理的效率卓著；反之，數值越低，代表庫存管理的效率不彰。就算式而言，庫存越少，商品週轉率越高，但一味降低庫存，會導致營收也隨之減少。商品週轉率管理的關鍵，其實就和 SPA 所做的努力一樣，要利用 POS 等資訊，精準掌握需求動向，調節生產，盡可能以最少量的庫存來衝高營收。

而所謂的「速度經濟」，則是要透過提升商品週轉、資訊取得、商品研發和服務等項目的速度，以提升組織效率與效能的一套邏輯。落實速度經濟，能推升顧客價值與企業的投資報酬率，減少因存貨所造成的損失。

顏色。

在這個概念之下，最後原宿店裡擺滿了各式刷毛服飾，並成功創下銷售佳績，成了優衣庫廣受各界矚目的契機。而採用同一個銷售策略的現有門市，營收也紛紛回神。其實這一套銷售策略，就是聚焦在消費者最想要商品上，並於賣場上大張旗鼓地陳列出各種色系、尺寸，以刺激消費者的購買欲望。再加上少有缺貨狀況發生，營收自然一飛衝天。而這樣的銷售表現，也使得布料、車縫的成本下降，更帶動營收成長，形成正向循環。光是一九九九年，優衣庫就賣出了800萬件刷毛服飾。這一套聚焦策略，後來也套用到其它商品上。據說後來大型超市連鎖也跟進，賣起了刷毛服飾，但和優衣庫相比，銷量竟差了一個位數。

然而，到了二○○二年，刷毛服飾的熱潮退燒，優衣庫在日本的事業營收，也呈現衰退局面。後來，優衣庫又大幅調整商品搭配，推出與人造纖維大廠東麗（TORAY）共同研發的機能素材產品，例如HEATTECH吸濕發熱衣（二○○三年～）、BRATOP罩杯式上衣（二○○八年～），以及ULTRA LIGHT DOWN特級極輕羽絨（二○○九年～）等，都成了熱銷商品。還有，優衣庫除了忠於基本休閒款的路線之外，也導入了一些流行性較強的商品。

另一方面，優衣庫自二○○一年在英國倫敦展店後，陸續拓展海外版圖，觸角延伸到中國、美國、香港和韓國，目前在海外的門市數量，已超越了日本國內。

◇優衣庫的營運機制

優衣庫的概念是「穿著舒適，高品質又具流行性，價格親民，人人都買得起的終極日常服飾」（迅銷公司〈2017年年報〉），並根據這個概念，打造出了以下這些機制（請參照圖4-7）。

第一是根據POS資料調整供需的機制。為了讓消費者隨時都能穿得到自家商品——也就是為了避免發生機會損失，優衣庫會視銷售情況追加生產。同時，優衣庫也會調整變更售價的時機，以管控庫存水位，避免降價損失。這是SPA模式最核心的機制，也是速度經濟所帶來的效益。

第二是無與倫比的大量採購機制。優衣庫為了要以最親民的價格供應商品，不僅要發揮速度經濟的優勢，還要追求規模經濟。以熱銷商品「HEATTECH吸濕發熱衣」為例，年銷量可逼近1億件。挾著如此強大的銷售能力，優衣庫甚至有部分商品是以百萬件為單位採購，規模經濟的效應相當顯著。

第三則是生產高品質商品的機制。根據二〇一七年所發佈的公開資料顯示，優衣庫的主要代工廠多達146家，分佈在中國等七個國家。優衣庫把這些位在全球各地的代工廠，視為長期往來的事業

【圖 4-7　優衣庫的營運機制】

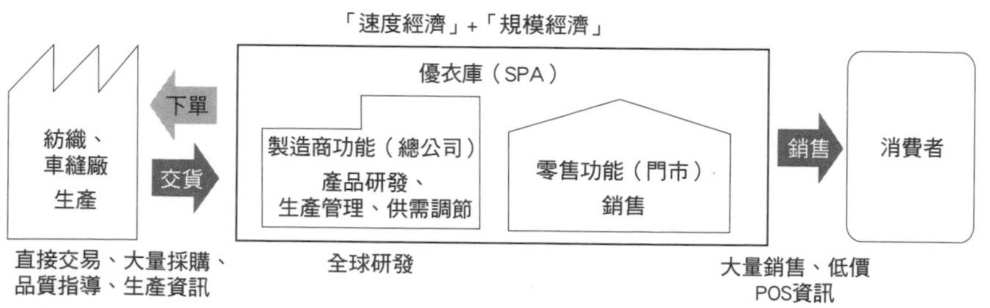

夥伴，由設置在上海、胡志明市和達卡等地的生產辦公室負責督導產製業務。這些據點都有優衣庫的生產團隊和「匠團隊」常駐，總人數多達數百人。所謂的「匠團隊」，指的是一群在紡織產業擁有豐富經驗的技術人員團隊。他們的任務，就是要把從紡紗、整經、織布、染色、車縫、整燙到出貨等，所有與工廠管理相關的「工匠技藝」，都傳授給合作廠商。生產團隊負責每週前往代工廠督導，「匠團隊」負責技術支援，以此維持產品的高品質，同時也因為經驗效果（請參照專欄4-1）的加持，而降低了生產成本。

第四是全球化的研發機制。優衣庫在世界各地，包括東京、紐約、倫敦、巴黎和上海等，都設置了研發中心，進行商品開發。在這些研發中心裡，匯集了來自各主要都市的市場、集團企業門市和廠商等管道的全球流行資訊、新聞訊息、生活型態和素材等最新消息。研發中心會根據這些資訊，訂定每季的概念，再配合各國市場狀況，進行產品開發。

4. 結語

在本章當中，我們針對廉價商店、SPA的概要，以及它們最具代表性的企業——大創和優衣庫的營運機制，做了一番探討。

我們發現這兩種業態都各有強項。廉價商店是因為有獨特的機制，故能持續以低價銷售商品；而SPA則是能有效率地銷售暢銷商品。而大創和優衣庫之間，其實也有共通點。大創是以行動銷售起家，優衣庫則是以一般零售業起步。但在壯大事業規模的過程中，兩家企業都開始對流通上游的生產部分，握有舉足輕重的影響力。而這樣發展的結果，使得大創能帶給消費者「什麼？就連這種東西，都只賣100日圓？」的驚喜，優衣庫則是讓消費者感受到「用了高機能素材的商品，價格竟然這麼親民？」的詫異。

此外，不斷重新檢視現有機制，同時又持續發展新方向，也是這兩家企業的共通之處。拿他們的新動向，和他們所屬業態的一般特性相對照，有助於讓我們更了解各項新機制。包括大創和優衣庫在內，建議各位下次造訪那些看來新奇有趣的門市，感受新的潮流動向，並想一想背後有著什麼樣的機制在支撐。

❓動動腦

1. 近年來，大創在銷售品項當中，加入了一些售價高於100日圓的商品。你怎麼看待這項措施？請一併思考原因何在。
2. 以往，日本社會曾出現過「優衣庫穿幫」（別人一看就知道自己穿優衣庫的衣服）的說法，可見優衣庫的品牌形象不盡然是正向的。請查一查優衣庫當年如何克服這個問題，以及為什麼會有這樣的狀況。
3. 請舉出一個銷售方法和商品都很獨特的零售通路，並整理出它的營運機制有何創新之處。

參考文獻

大下英治《一百圓的男人　大創的矢野博丈》櫻花舍，2017年

加護野忠男《「競爭優勢」的體系：事業策略的寧靜革命》PHP新書，1999年

月泉　博《優衣庫　摘下全球龍頭寶座的經營》日經商業人文庫，2015年

進階閱讀

加護野忠男、山田幸三編《日本經濟體系：原理與創新》有斐閣，2016年

崔　相鐵、岸本徹也編《從零開始讀懂流通體系》碩學舍，2018年。

柳井　正《柳井正的滿懷希望論》朝日新書，2011年

第 5 章

商店街與購物中心

1. 前言

請各位想像一下和朋友出去玩時的情景——想必各位有時會選擇到市中心的鬧區，有時則會選擇前往位在市郊的購物中心（Shopping center，簡稱SC）等商場。兩者究竟孰優孰劣，應該會視個人喜好、時機，和當下情況而定。不過它們有一個共通點，那就是都是有多家商家聚集的「商業聚落」。

當我們要出去玩的時候，很多人腦海中會浮現的，應該不是明確的個別店家，而是一個概略的區域，例如「去原宿逛逛」等。換句話說，我們在挑選目的地時，其實是以「有多家商家聚集的聚落」為單位，來選擇一個區域。

這樣一想，我們心中不禁會萌生一個疑問：為什麼商家會聚集在一起呢？這些聚集在一起的商家，又是如何整合成一個聚落的呢？商店街和購物中心之間，雖有「商業聚落」這個共通點，但它們匯集的方式，卻有著顯著的不同。究竟是什麼原因，讓它們呈現出這麼大的差異呢？本章的目的，就是要來說明這些議題。接下來，就讓我們來看看商店街和購物中心在形成與整合上的特色。

2. 商店街：自然發生型的商業聚落

◇商店街的形成

在日本，想必人人都聽過商店街。它對我們來說，就是這麼一個貼近生活的場域。那麼，商店街究竟是如何形成，又是如何面對消費者的呢？所有商店街裡都有商家，而商家沿著「道路」（街道）這個公共空間佇立。與其說它是有計劃的打造而成，倒不如說它是在悠久的歷史脈絡下，自然發展、形成的產物。例如寺院神社是吸引四方來客造訪的據點，而商家就會選在寺院神社前的參道開店，或是在人潮必經的街道宿場[14]自然形成商店聚落。

【照片 5-1　鄰近、在地型商店街（左）與大範圍、超大範圍型商店街（右）】

istock.com/Nirad

istock.com/apilarinos

14 宿場是江戶時期的一種制度。當地會有旅宿供供旅人休息、住宿，也有物資流通、郵務傳遞的功能，相當於驛站。

換句話說，商店街會在「人潮聚集的地方」形成。業者會在這樣的地方嗅到商機，主動聚集，彼此搶客，但同時也炒起熱鬧氣氛，吸引更多人潮（圖5-1）。商店街就像這樣，在聚落裡，商家仰賴彼此幫忙吸客，同時互相搶客的正向循環，促進了商店街的發展，而且是在依存與競爭之間的絕妙平衡下，尋求發展（請參照第13章）。

那麼，各位在聽到「商店街」時，腦海裡會浮現什麼樣的場景呢？是位在住家附近、走路可及的距離，還有很多銷售日常食材和日用品的商家林立嗎？還是位在市中心黃金地段，有高級精品品牌、時尚餐廳和咖啡館林立的鬧區風光呢？其實商店街的面貌相當多樣，上述這些全都包羅其中。不過，直到二戰前的昭和初期為止，日本人心目中的商店街，其實是後者那種位在鬧區的商店街，至於前者那種以銷售日常食品為主的聚落，則被稱為「市場」，和商店街是有所區隔的。

【圖 5-1　商業聚落形成過程中的正向循環】

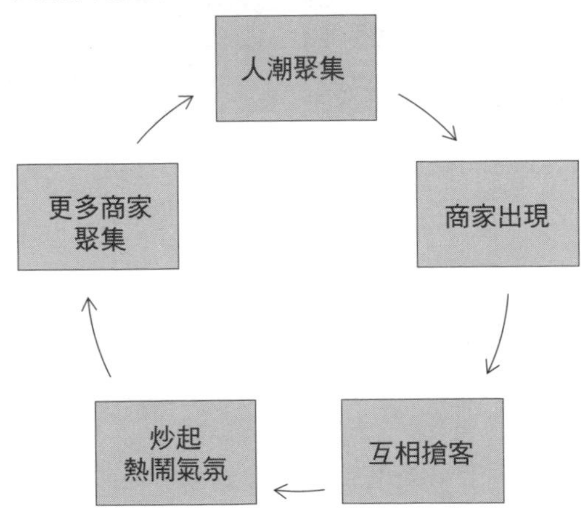

到了現在，商店街和市場已無上述那樣的區別，只會以商圈來為商店街分類。各位只要先大致有個概念，知道商店街分成「鄰近、在地型」和「大範圍、超大範圍型」即可。就分類的明細來看，全國共有約1萬4千多條商店街，其中有8成以上都被歸類在「鄰近、在地型」商店街。

◇商店街的現況與組織特性

接著，就讓我們來看看目前這些商店街處於什麼樣的狀況。有一項叫做「商店街景氣狀況指數」的調查（圖5-2），能清楚地呈現出商店街的現況。首先我們可以發現到的是：認為自己「正蓬勃發展，或有蓬勃發展的徵兆」的商店街，可說是少之又少。其次是衰退狀況的部分：儘管占比已較上次調查時稍減，但仍有近七成商店

【圖 5-2　景氣狀況指數推移（%）】

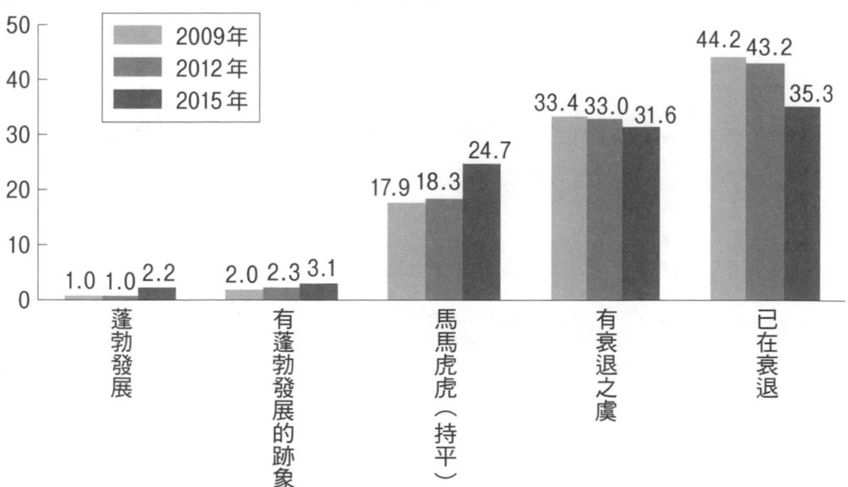

資料來源：依《平成27年度（2015年）商店街實態調查報告書》編製

街認為自己「有衰退之虞，或已在衰退」。由此可知，各商店街其實都處於艱苦經營的狀態。

然而，以型態別來看，我們可以很清楚地發現：並不是所有商店街都面臨同樣的處境（圖5-3），明顯趨於衰退的，是鄰近、在地型商店街。由此可知商店街處於全面性的經營頹勢，但鄰近、在地型商店街的狀況，可說是特別嚴峻。

如前所述，商店街的發展，靠的是吸引客人造訪的正向循環。然而，要找到夠多能吸引人潮的商家來匯集成一個聚落，銷售的品項還要夠豐富，其實並不容易。前面我們看過的商店街景氣指數，也清楚地反映出了這個趨勢。那麼，目前商店街究竟面臨到了什麼樣的問題呢（表5-1）？我們可以發現，其實商店街主要的問題，不在於和郊區大型商場等外部環境的競爭，而是聚焦在商家老闆年事已高，找不人接班，以及店面老舊等內部課題上。

【圖 5-3　型態別商店街景氣狀況指數（%）】

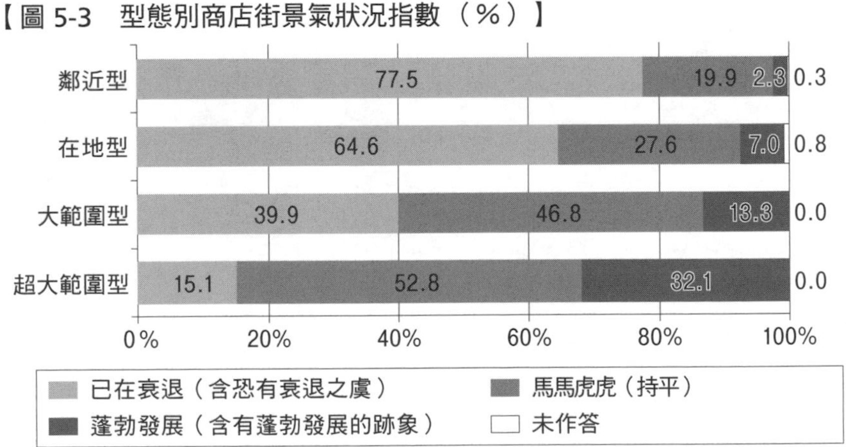

資料來源：依《平成27年度（2015年）商店街實態調查報告書》編製

通常商店街都是以整個商業聚落為單位，向消費者宣傳它的魅力所在。個別商家的衰退，可不只是單一問題，還會連帶對聚落裡的其他商家造成負面影響，甚至造成整個聚落的衰退，等於是和圖5-1形成完全相反的循環。所以商店街並不只是商家聚集在一處開店，更需要整體一貫的營運操作。不過，雖說整合的確必要，但做起來到底容不容易，那又是另一個議題了。

【表 5-1　商店街所面臨的問題趨勢變化（%）】

	第 1 名	第 2 名	第 3 名	作答形式
2003	經營者年事已高，找不到人接班	缺乏有吸引力的商家	業者對商店街活動的參與觀念薄弱	可複選
2006	缺乏有吸引力的商家	業者對商店街活動的參與觀念薄弱	經營者年事已高，找不到人接班	至多可選 3 項
2009	經營者年事已高，找不到人接班	缺乏有吸引力的商家	缺乏主力商家	至多可選 3 項
2012	經營者年事已高，找不到人接班	缺乏吸客力強，或具話題性的商家、業種。	店面老舊	至多可選 3 項
2015	經營者年事已高，找不到人接班	缺乏吸客力強，或具話題性的商家、業種。	店面老舊	至多可選 3 項

備註：自2006年度起，作答選項至多限選3項。
資料來源：依《平成27年度（2015年）商店街實態調查報告書》編製

這是因為商店街的形成，是自然發展的結果，而不是有計劃地打造而成的聚落。換言之，商店街的業者只不過是在需求的牽引下，形成了「匯集在同一處」的結果，並非出於某個概念而齊聚。商店街裡的成員，對彼此的加入並沒有選擇的權力，經營方針和資金實力也各不相同。這樣的商家聚在一起，要用整體一貫的方式來營運、管理，難度當然很高。那麼，商店街的營運、管理，究竟會遭遇到哪些困難呢？就讓我們一起來看看。

◇管理商店街的難處

首先是在商業聚落裡的業者，會有經營理念不同的問題。就現實而言，聚落裡不見得每個業者都是天天汲汲營營，努力地讓營收極大化。商家的價值觀五花八門，例如商店街裡有些年事已高的業者，可能正在考慮熄燈退休。對這樣的業者來說，或許會認為在自己退休之前，只要日子還過得去就好，對那些有利於整條商店街長期發展的措施，便顯得漠不關心。可是，商店街裡的每個商家，都是不受任何人宰制的獨立個體，因此那些有心營運、管理整條商店街就無法強制所有商家都統一步伐、齊步前進。

第二是搭便車的問題。在商店街這個聚落當中，業者在銷售品項互補的同時，各自做著自己的生意。問題是，這樣的關係並不見得隨時都那麼公平且對等。舉例來說，假設現在商店街裡的商家要一起辦活動，但有些業者並沒有積極配合。然而，這些不配合籌辦活動的業者，仍可招攬那些受到聚落裡其他有趣店家吸引，而來到商店街的消費者上門。如此一來，聚落裡這些商家之間的關係，便成了某一方完全依賴另一方的狀態（搭便車）。

第三則和商業聚落受到的空間限制有關。商業聚落需透過聚落內的依存和競爭關係，隨時進行新陳代謝，才能常保吸引力，但這種新陳代謝，可能會因為商業聚落的空間限制而受到阻礙。例如一條很吸引人的商店街，它的空間就是有限，若商家數量達到一定程度以上，即使有再多商店想進駐，商店街都無法容納——因為就算現有商家當中有些根本無心經營，商店街也不能強迫店家搬遷他處或收攤撤出。

第四個難題，是商業聚落裡的業種結構，可能導致競爭機制無法順利運作。舉例來說，當聚落裡有兩家魚店時，想必他們都會各出奇招，吸引顧客上門。換句話說，這樣的競爭態勢，或許的確會讓商店街更能吸引人潮，然而，在自然匯聚成形的商店街裡，不見得一定剛好都能湊足各式業種，來創造妥適的競爭關係。

第五是商業聚落內各家業者所銷售的產品，不見得一定會為彼此帶來依存關係。例如在聚落裡有一家服飾店，賣的都是目標客群很明確的高級品項。若要考量聚落內整體的平衡，服飾店的業者當然會期待周邊商家也銷售門當戶對的品項。然而，商店街畢竟是自然形成的產物，所以無法強迫其他商家配合。當各家業者毫不顧慮四周狀況，各行其是地決定銷售品項時，整條商店街就會欠缺整體感，說不定還會變成一條讓消費者大感不便的商店街。

◇對商店街發展方向的期待

在二戰爆發前的昭和時期，曾興起過一波運動，主張商店街裡的共同活動，應更積極地推動有組織的運作。時至今日，這一波運動發展成了各種不同的樣貌（專欄5-1）。不過就現況來看，恐怕還很難說是已經找出了一套有效的方法。

不過，「管理不像企業組織那麼管理嚴謹」也是商店街呈現給消費者的魅力之一——就因為商店街是自然形成的產物，所以有著令人意想不到的驚喜，也有根植於在地獨特文化才能發展出來的特色。因此，有別於不分地區，一律標準化作業的大型連鎖通路，商店街的這些特質，既是優點也是缺點。

深耕在地的商店街，其實不只有商業功能，更被寄望能扮演在地社群平台的角色。專家指出，受到人口減少和高齡化的影響，在地連結淡化等社群弱化的趨勢顯著。而商店街則被寄予厚望，期盼它成為維繫地方社群連結的場域。

開在商店街裡的這些商店，很多都是每天開門做生意，服務在地鄉親的商家。就這個角度而言，地方的衰退蕭條，等於是這些業者的地盤崩垮。商家固然不是只要開著就會自動成為社群交流的場所，但對業者來說，維繫地方社群的連結，的確非常重要。基於上述這些原因，商店街與社區營造之間的關係，如今相當受到重視。詳情我們就留待第14章再深入探討。

專欄 5-1

商店街活化專案裡的「三種神器」

誠如本章正文當中所述，「商店街的衰退」早已是各界大聲疾呼的課題。許多商店街都推出了各種振衰起蔽的措施，而近幾年來，的確也有一些備受矚目的活化作為——那就是有「三種神器」之稱的「百圓商店街」、「在地酒館」、「在地講座」。

「百圓商店街」始於二〇〇四年，當初是從山形縣新庄市的商店街開始發起，如今已擴展到全國各地約 100 個市村町。這項措施在規劃上，是請商店街裡的各商家都在店頭擺出「百圓商品專區」，而顧客則必須走進店內結帳。此舉的目的，是要讓消費者更認識商店街裡的每一家店，同時還希望能引導消費者在商店街裡巡迴遊逛。

「在地酒館」則是仿傚西班牙「一杯飲料、一道下酒菜」的「跑 BAR」文化而來。自二〇〇四年在北海道的函館市開始發跡，直到二〇〇九年在兵庫縣伊丹市舉辦在地酒館活動後，便成了它推廣到日本全國各地的契機。通常消費者都是購買回數票，在商店街裡的餐館到處吃（喝）。這樣的做法，同樣可以引導消費者隨興走進平常沒機會造訪的店家，為商家拓展知名度，是一大優點。再者，回數票都是預先銷售，能為商家確保穩定營收，食材備料的數量也比較容易掌握。

最後一項是「在地講座」。它是由商店街的業主或員工擔任講師，運用自己的專業知識或技術，免費為參加者上課的活動。這項措施最早是在二〇〇三年時，從愛知縣岡崎市開始舉辦，後來才推廣到全國。它雖不如前兩項活動來得光鮮熱鬧，但以在家商店當作活動會場，辦理講座形式的活動，有助於商家和少數參加者之間的深入交流。

以上就是商店街活化專案當中的「三種神器」。它們有一個共通點，就是能直接串聯消費者和商家。此外，它們的特色，在於以「增加上

第 5 章

門顧客」為目的，而不是透過短期活動創造商店街人潮。所以，如何將這些願意來店消費的顧客，培養成回頭客，便成了這三種神器在使用上的一大關鍵。

（長坂泰之編著《百圓商店街、酒館和講座：讓商家大發利市的社區營造》學藝出版社，2012 年）

3. 購物中心：管理型商業聚落

根據日本購物中心協會（Japan Council of Shopping Centers，簡稱JCSC）的定義，所謂的購物中心，是指「以一整個單位為基礎，進行計劃、開發、持有和管理營運的商業、服務設施之集合體，並附設有停車場。依其立地、規模、組成內容，提供多樣選擇、方便、舒適及娛樂等，成為供應生活者需求的社區機構，是承擔都市機能的要角」（日本購物中心協會網址http://www.jcsc.or.jp/sc_data/data/definition）。

簡而言之，多數購物中心都是以百貨公司或綜合超市等大型店為核心店，再加上幾家專賣店、餐廳和影城等服務設施，有計劃地打造而成。

購物中心這種商業模式的特色，在於它將整個商業聚落當作一個單位，進行管理、營運。通常，購物中心是歸建商（Developer，簡稱DV）——也就是開發商所有，並由他們來進行購物中心整體的管理、營運。以下我們就先概要說明購物中心業界的發展脈絡，再來探討這個商業模式。

◇購物中心的發展

日本購物中心的開發，始於一九六〇年代後半。當時日本社會正值高度經濟成長期，不僅積極興建高速公路路網，還在東京的多摩與大阪的千里等郊區開發新市鎮。此外，民眾持有汽車的數量也不斷增加，加速了汽車大眾化（motorzation）的發展。就在郊區化與汽車大眾化的推波助瀾下，購物中心開發的發展環境漸趨成熟。

換言之，購物中心的發展，一路走來都是與郊區化同時並進，也是開創出「郊區」這種商圈立地的過程。

而談到購物中心的發展，就不能不談法規限制大型商店展店所帶來的影響。大體而言，我們可將購物中心的發展分為一九七〇～八〇年代的加強管制期、一九九〇年代的法規鬆綁期，以及二〇〇〇年代起的的社區營造期。

從圖5-4當中，我們可以看出：郊區立地的購物中心，數量從一九七〇年代開始成長。這段期間，有在一九七四年正式上路施行的「大規模小賣店舖法」（簡稱「大店法」），用來規範大型店展店；還有到一九八〇年代前的這段期間，受到商店街發起反對運動等因素影響，主管機關收緊了對大型店展店的管制。也由於這個因素的影響，在立地方面，越來越多購物中心選擇到反對或管制較少的郊區。

【圖 5-4　各年代、立地的購物中心開設家數】

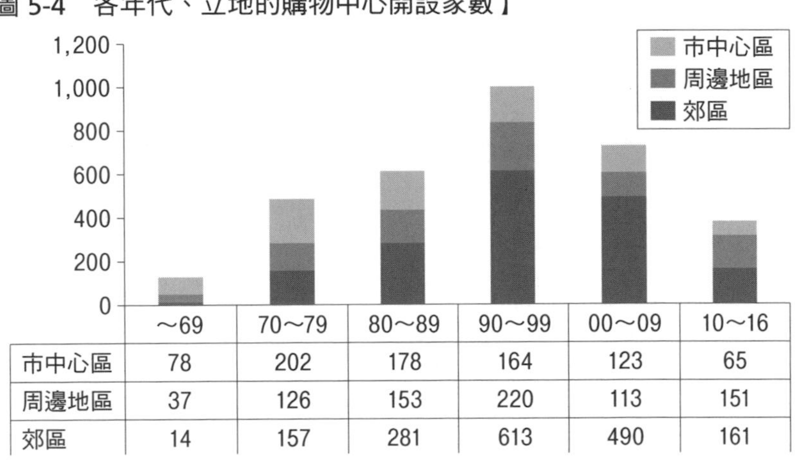

	～69	70～79	80～89	90～99	00～09	10～16
市中心區	78	202	178	164	123	65
周邊地區	37	126	153	220	113	151
郊區	14	157	281	613	490	161

資料來源：根據《SC白皮書》二〇〇八年版、二〇一七年版編製

再搭配圖5-5一起觀察，就可以發現購物中心在一九九〇年代的展店數量大增。這個時期，因為還有大店法鬆綁的加持，看得出選址在郊區的購物中心，數量確實特別突出。此外，二〇〇〇年設的購物中心數量激增，則是因為日本政府廢除大店法，改施行新的「社區營造三法」（大店立地法、修正都市計劃法、中心市街地活性化法），而引發一波搶搭末班車的展店所致。

後來，社區營造三法於二〇〇六年修法，並自隔年起收緊對郊區展電的管制。會有這樣的政策，是因為購物中心在郊區大展拳腳，導致都市擴張（urban sprawl），市中心區呈現空洞化。在這樣的狀況下，社會上認為對購物中心的展店規範，不應只看門市面積大小，還要審視它和周邊環境之間的關係，以期做好社區營造，讓社區在受控的情況下，獲得合宜的發展。日本社會後來在少子高齡

【圖 5-5　各立地的購物中心開設家數】

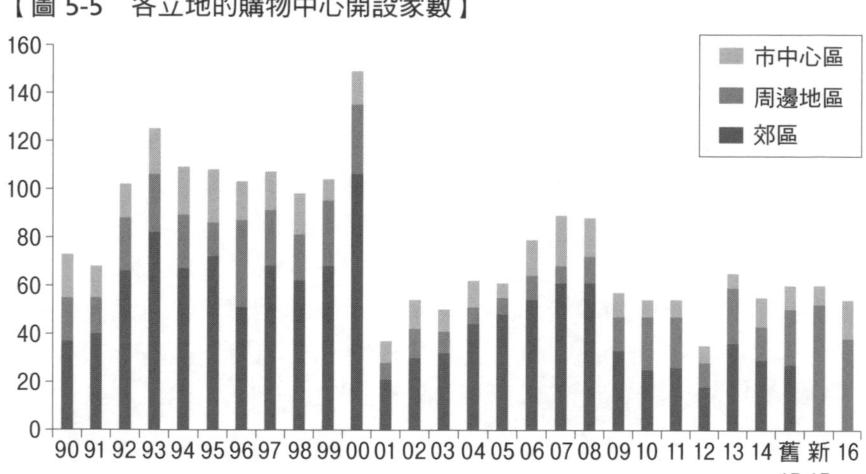

備註：二〇一五年的立地以新、舊兩版分類標準呈現
資料來源：根據《SC白皮書》二〇〇八年版、二〇一七年版編製

專欄 5-2

購物中心與社區營造

受到玉川高島屋成功的激勵，自一九七〇年代起，郊區型購物中心的開發便風起雲湧。另外，在本章正文當中也提到，汽車大眾化與人口郊區化的趨勢，更加速了購物中心開發的腳步。然而，從傳統商店街的角度來看，郊區型購物中心的發展，無疑是一項威脅。因此，進入一九八〇年代後，有些商店街裡的業者，也主動跳出來參與購物中心的開發。這種購物中心開發案，通常是邀請綜合超市來當核心店，再由商店街等在地商家成立公會，負責專賣店的營運業務。大型店可藉此緩和在地業者對購物中心展店的反彈，又能與中小零售業者追求共存共榮，就購物中心開發而言，是能活化地方的理想手法，在當時備受期待。然而，就組織特質而言，公會並不具備管理整個團體的權力結構，因此這些購物中心開幕後，各店在營運上很難統一步伐，便拿不出各界期待的成果。這種共存共榮型的購物中心開發，後來也獲得了政策上的支持，催生出了「特定商業聚落設置法」（一九九一年）。

一九八〇年代後半，結合娛樂與服務的綜合生活型購物中心問世。隨著消費的多樣化發展，對購物中心而言，光是具備商品銷售功能，已很難真正吸引到顧客，於是便開始嘗試導入多元的非商品銷售櫃位。一九八五年，西武季節（SEIBU SAISON）集團在兵庫縣尼崎市開設的塚新（Tsukashin），就是很具代表性的一個案例。塚新不僅是一座商場，更是在標榜「社區營造」的前提下所開發的設施。除了有核心店的百貨公司與專賣店之外，還有文化教室與餐廳，甚至還設有慢跑道與小溪等多種設施。塚新更把停車場都安排在地下，基地四周不設圍牆，構成一個從四面八方都可進入的開放空間。一個「社區」，不只需要商業，還需要各式各樣的功能。儘管這個開發案本身並沒有成功，但塚新的確是以社區營造為目標，所推動的一項劃時代購物中心開發。

化造成人口減少的趨勢下，改以都市機能集中於市中心的「緊密都市」（compact city）為目標，也是受到上述概念的影響。今後，我們不應只把購物中心當作商業設施，還需要從社區、城市營造的面向來定義購物中心（專欄 5-2）

◇玉川高島屋購物中心的開發

接下來，我們就要來探討一個很具代表性的購物中心開發案例——玉川高島屋購物中心（照片5 - 2）。玉川高島屋購物中心的開發商是東神開發股份有限公司（Toshin Development），而它幕後真正的老闆則是高島屋（TAKASHIMAYA）。東神在一九六九年時，開設了玉川高島屋，成為日本第一家正宗郊區型的購物中心。門市面積廣達8萬6,600㎡，除了有核心店高島屋進駐之外，另有340家專賣店設櫃。整家購物中心的年營收為927億日圓（二○一七年度），其中百貨公司貢獻了429億，專賣店和其他商家則貢獻了498億日圓。

當年開發玉川高島屋購物中心的背景，除了「郊區化」這個大環境變化的因素之外，還有兩個在地因素：一是在購物中心開發之前，先有了橫濱高島屋（一九五九年）的成功案例。當時橫濱車站西口還有美軍的燃料放置場等，是一片冷清的荒地，景象和現在截然不同。在橫濱車站上下車的旅客雖少，但轉乘或經過的乘客，以及在此搭乘公車的人流之多，僅次於東京。這個數據，讓高島屋相中了它的潛力，選擇在當年這個大眾難以想像的立地展店。另一個因素則是當年高島屋團隊曾赴歐美考察購物中心，發現當地有些購物中心緊鄰地下鐵車站或客運轉運站。對於當時汽車大眾化尚未成熟的日本而言，是很適合發展的一種形態。二子玉川位在世田谷區的西南方，多年來發展成「市郊住宅區」，不只開車方便，二子玉川車站又有多條公車路線及鐵路經過，是交通相當方便的區域。

這些背景因素，讓東神決定在這個距離精華地段甚遠的地點開發購物中心。結果在開幕第一年就創造了逾100億日圓的營收佳績，大幅超越了原先計劃的80億日圓目標，更在第二年就達成全櫃位轉虧為盈，盛況驚人。

若要說玉川高島屋購物中心在營運、管理上有什麼特色，那麼開發商與櫃位廠商「共存共榮」的思維，便是很值得一提的項目。在購物中心的經營結構當中，開發商的主要收入來自於櫃位廠商所付的租金。然而，如果只從這一點來考量，那麼開發商經營購物中心的目的，恐怕就只剩下「如何盡可能無風險、低成本地向櫃位廠商收租」了。可是，萬一櫃位廠商經營不善，付不出租金時，那麼開發商所打的經營算盤，自然也就無法成立。

當時歐美購物中心的做法，是和櫃位廠商保持「公事公辦」的關係，業績不好的商家，會被毫不留情地汰換；而玉川高島屋購物中心則是把櫃位廠商當作並肩作戰的夥伴。歐美購物中心的櫃位租金以定額制為主流，因此開發商對「積極扶植商家」的觀念，容易趨於淡薄；但玉川高島屋購物中心的租金計算方式，是先設定基本金額，再搭配一套金額隨商家營業額增加而上升的「抽成制」（圖5-6）。這種租金計算方式，又稱為「包底抽成制」。在這一套制度下，開發商與商家就形成了共存共榮的關係，給了開發商一個積極營運、管理整家購物中心的誘因。換言之，玉川高島屋購物中心所

【圖 5-6　租金計算方式的分類】

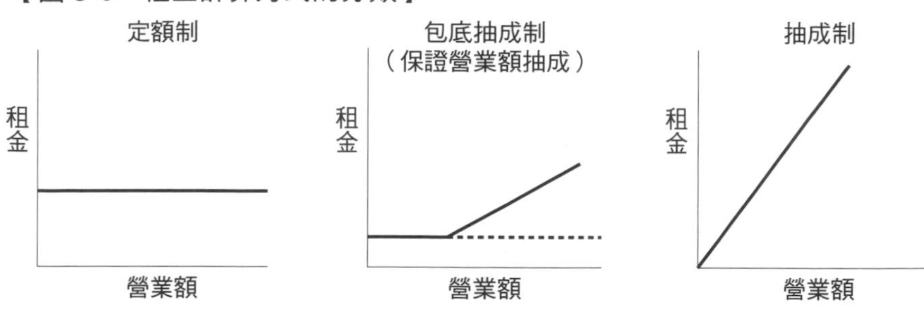

打造的，是一套讓櫃位廠商業績與開發商獲利直接連動的機制。甚至開發商還可將開幕之初的租金調低，以吸引更多樣的商家進駐。就這樣，在玉川高島屋購物中心，是由開發商負責整體的營運、管理，並在過程中扶植櫃位廠商成長，建立彼此的信任。

◇購物中心在營運、管理商業聚落上的創新

以下謹就購物中心在經營管理商業聚落上的創新，整理出四項重點：第一是「所有權與經營權分離」（和管理學上的「股東與經理人分離」不同），也就是開發商持有整個購物中心，但與個別櫃位的經營劃清界線。這個概念是開發商得以營運、管理整個購物中心的根據，讓開發商能有計劃地統一推動營運措施。

雖說開發商可以營運、管理整個購物中心，但還是需要一些動機。因此，在租金計算方式當中，加入金額與櫃位廠商營業額連動的抽成制，便成了吸引開發商營運、管理的誘因。它是支撐「所有權與經營權分離」得以成立的機制，也是購物中心的第二項創新。

第三是要確保購物中心內部的多樣性。櫃位廠商的實力不會均等，甚至會因為業種或購物中心內的櫃位配置而大不相同。倘若設定了齊頭式的租金，那麼商家結構的多樣性，就會受到付租能力的限制。因此，購物中心會將櫃位廠商進駐之初的租金調低，或依業種、位置的不同，而在租金設定上酌予增減。這些舉動，都有助於扶植櫃位廠商發展，並確保廠商業種的多樣性。換句話說，就是對購物中心的吸引力，具有直接拉抬的效果。

第四是公開經營資訊，以進行妥善的營運、管理。開發商要參與購物中心的營運、管理，已有根據和動機，但要讓營運、管理奏效，開發商還需要正確地掌握櫃位廠商的經營狀況。如此一來，開發商就能給廠商合適的指導，進而鞏固彼此的信任。綜上所述，對購物中心而言，所謂的創新，其實就是開發出了一些營運、管理商業聚落的手法。

4. 結語

在本章當中，我們介紹了商店街和購物中心的基本特色，以及它們營運、管理商業聚落的型式。兩者在面對消費者多樣化的需求之際，都選擇以匯集許多商家的方式來因應。然而，這兩種商業聚落在整合方式上，卻有著相當大的差異。

商店街是自然形成的商業聚落，成員彼此無法選擇，也很難大家齊心協力做些什麼。不過，正因為是自然形成，所以深耕在地的商店街，也被寄望能扮演社群交流場域的角色。至於購物中心則是在某個概念框架下，由開發商負責整體的營運、管理。購物中心和其他商業聚落的差別，在於他們開發出了一套「所有權與經營權分離」的機制。有了這一套機制，讓開發商可以整個商業聚落為單位，進行營運、管理。

不過，購物中心倒也不是樣樣都比商店街好（表5-2）。購物中心用了一套可統一管理的機制來整合櫃位廠商；商店街則是因為自然形成，所以隨處都有意外發現，充滿「不期而遇」的魅力。所以，兩者很難單純比較孰優孰劣，而部分商店街的確也有意導入

【表 5-2　不同型態的商業聚落比較】

	自然發生型商業聚落	管理型商業聚落
依存關係	期待順勢而為	自行設計規劃
競爭	期待順勢而為	自行設計規劃
統整性	低	高
多樣性	高	低
對環境變化的因應	多元的、動態的	一元式、計劃式

「所有權與經營權分離」的機制。可是更重要的，是要懂得思考：在這個大環境不斷變化的社會當中，大眾到底希望商店街和購物中心扮演什麼樣的角色？各位不妨以這兩者的特色為基礎，想想自己生活周遭的商店街，未來將何去何從。

?動動腦

1. 除了本書正文所用的《商店街實態調查》和《商業統計調查》等數據之外，請再運用一些資料，整理出商店街目前的現況。
2. 請實際走訪幾家購物中心，整理出它們的櫃位廠商結構有什麼趨勢，並思考其背後的原因為何。
3. 找出你認為很吸引人的管理型商業聚落和自然發生型商業聚落，並實際走訪，整理出它們各有哪些吸引人的地方，再比較它們的差異，分析箇中原因。

參考文獻

新　雅史《商店街為什麼會凋零：從社會、政治和經濟史的角度，找重生的出路》光文社新書，2012年

石原武政《零售業的外部性與社區營造》有斐閣，2006年

倉橋良雄《購物中心：玉川高島屋購物中心的20年》東洋經濟新報社，1984年

進階閱讀

石井淳藏《商人家庭與市場社會：另一個消費社會論》有斐閣，1996年

石原武政、渡邊達朗編《零售業的起點：社區營造》碩學舍，2018年

齊藤　徹《購物中心的社會史》彩流社，2017年

第 6 章

何謂零售業態？

1. 前言

早上出門前，不妨端詳一下自己的鞋子——想必當然有幾雙是在專門賣鞋的鞋店購得，或許還有在買求職套裝時，在西服店一併買下的鞋子；至於運動鞋等款式，可能有些是在連鎖鞋店購得，也有些是在運動用品店買的。就像這樣，銷售同一種商品的零售業者，其實有很多不同的類型。

在為這些五花八門的零售業分類之際，通常我們會以通路所銷售的產品線來區分。而這種以銷售商品來分類的方式，就是所謂的「業種分類」。追根究底，其實就算是銷售同一種商品，很多通路在銷售方式也有所差異。舉例來說，在專門銷售特定產品線商品的專賣店，和在綜合銷售多樣商品的百貨公司，對同一項商品的銷售方式就會有所不同。而依商品銷售方式為零售業分類的方式，就是所謂的「業態分類」。

其實零售業和批發業、生產者一樣，通常都是以業種來做分類——畢竟經手的商品不同，需要的技術（甚至是專業）也有所差異。例如鮮魚店要懂得如何為魚保鮮，或需要具備將魚剖成三片的技術；而鞋店當然就不需要這些技術，不過相對的，鞋店恐怕需要了解如何為顧客挑選合腳鞋款的試鞋（Shoe Fitting）技術，以及修理、保養鞋子等技術。

有時候，這些技術反而會打破業種之間的藩籬。舉例來說，假如一家鞋店通曉所有時尚單品的整體穿搭建議，那麼它就不只可以賣鞋，還能用包包、西裝、襪子、皮帶等品項來搭配鞋子，整套出售。如此一來，這家鞋店和那些只賣鞋的商家，就很難再歸類於同一個業種。或者我們也可以這樣說：兩者同樣銷售鞋子，所以業種相同；但這家鞋店會就鞋子以外的單品提出整體穿搭建議，等於是在鞋子的銷售方式上有所不同，因此兩者的業態不同。不過，既然這家鞋店有經手鞋子以外的商品，那麼它和那些只賣鞋的鞋店，恐怕還是要視為不同業種才對。由此可知，不論是要用「業種」或「業態」來當作零售業的分類軸，都不見得一定會是完善的選項。

不過，這時我們可以看出：只賣鞋的鞋店，和就時尚穿搭給予整體建議的鞋店，顯然有所差異——它們的差異就在於銷售商品的技術。業種之間的藩籬，要築起或打破，原因都出在商品銷售技術。而這種商品銷售技術，我們不妨就把它稱之為「業態技術」。

截至第5章為止，我們概述了各種零售業的樣貌。本章要從業態技術的觀點，再次整理前面談過的這些內容。不論是百貨公司也好，超市也罷，甚至是便利商店等，每個業態都有一些支撐它成立的業態技術。在零售業，這些業態技術的開發，成了同業競爭中最重要的焦點。首先，就讓我們以便利商店為例，來檢視何謂業態技術。

2. 便利商店問世

◇中小零售業與加盟連鎖

誠如我們在第3章當中所述，便利商店是於一九七〇年代開始在日本出現。一九六〇年代時，由於超市快速成長，規模較小的零售業，尤其是食品零售業的未來將如何發展，令人憂心。此外，在政策方面，小賣店舖法（大店法）於一九七三年正式通過施行，限制賣場面積1,500平方公尺以上的零售商店展店；到了一九七八年時，更將賣場面積500平方公尺以上的零售商店，也都納為限制展店的對象。換言之，業者已無法再期待超市像一九六〇年代那樣風生水起地快速成長。

有鑑於此，各家超市業者為了拓展新的成長之道，於是開發出了「便利商店」這個新業態。這個時期，超市透過加盟形式，收編中小零售商店進入體系的做法，尤其耐人尋味。所謂的加盟連鎖，是一種連鎖經營的形態，由零售企業總部招募一般大眾成為加盟店，提供營業許可（加盟）和經營輔導，並向這些加入連鎖的店家收取加盟金。通常這些零售業者會在超市旗下設立子公司，扮演連鎖加盟總部的角色，中小零售商店再向加盟總部申請加盟，成為該品牌通路的加盟店。換句話說，就是原本彼此沒有出資關係的超市和中小零售商店，共同組成一個連鎖組織，並肩努力。它可以說是在大店法規範下，很難拓展新據點的超市，和在超市急速成長的衝擊下，前景堪慮的中小零售商店，尋求共存共榮的一種連鎖形態。

可是說穿了，要實現「超市與中小零售商店共存共榮」的這個理念，必須跨越好幾道難關，所以其實並不容易。

◇掌握暢銷商品

超市收編中小零售商店進入自家體系之際，首先會碰到的難題，就是店面狹小。便利商店的平均門市面積是約100平方公尺，裡面擺滿了約3,000的品項。為了在狹小的店面裡規劃出最大的賣場面積，要盡量限縮包括倉庫在內的後場空間，最好完全不留後場，現場就只有陳列在店頭的那些商品，沒有任何庫存。此外，陳列在賣場上的那些架上庫存，最好也能盡快迴轉消化。換作是在賣場面積寬敞的超市，為了豐富銷售品項，或許還能讓偶爾才賣出一、兩件的商品也上架。然而，在賣場空間有限的便利商店裡，根本沒有餘力擺放那些很少賣出的品項。

因此，便利商店會期望賣場上只陳列出暢銷商品。而要做到這一點，首先必須正確地掌握商品的銷路。所以，便利商店建置了POS系統，掃除貨架上的滯銷商品，打造出一套品項篩選機制，讓店內盡可能只銷售暢銷商品。

然而，就算對暢銷商品再怎麼瞭若指掌，要是這些商品老是缺貨，那也只是枉然，所以便利商店需要一套能確實補足庫存的機制。在便利商店裡，「補充庫存」會面對一些超市所沒有的難題——因為絕大部分的商品，都只有架上那些數量，後場根本沒有足夠的空間可以擺放庫存。要是庫存空間充裕，門市大可以「打」（12個）、「籮」（12打）為單位來預留庫存，以避免缺貨。可是，如果是一個架上只能擺10份的商品，賣掉幾份才補幾份，那就要讓門市可以「1份」為單位補貨才行。換言之，就是要調降每項商品的最低訂貨量（每次下單的單位數量）。

還有，配送頻率也是一個問題。假設某個品項的最低訂貨量是以「打」為單位，而要賣完一整打，需要花上一個月的時間。這時，下單後會有一個月的庫存量，表示只需要一個月下單一次即可。如果把最低訂貨量改為以「個」為單位，配送頻率仍是每個月一次，會出現什麼樣的狀況呢？如果庫存只補一個，下次補貨要等到一個月後，那麼商品從該月份前半就會開始缺貨，到該月份後半仍不會改善，於是就只能眼睜睜地看著門市一再錯失銷售機會了吧？為避免這樣的問題發生，便利商店必須提高配送頻率，不能每月配送一次，要改成每週一配，最好是建立每日配送的機制，否則就失去調降最低訂貨量的意義了。

為了有效運用狹小的賣場空間，便利商店會像這樣調降最低訂貨量，並建立高頻率配送的物流體系——這就是所謂的「少量高頻率配送」。也正是因為有了這一套「少量高頻率配送」機制，運用POS系統篩選出暢銷商品才有意義。

◇確立共同配送體系

要在便利商店銷售約3,000個品項，據說需要與70到80家協力廠商配合。如果要落實少量高頻率配送，而所有協力廠商也都建立每日配送到店的機制，那麼可能會有近80家廠商的貨車，把便利商店的門市周邊擠得水洩不通。況且每次貨車一到，負責接貨的門市人員就要進行驗收、上架等收貨作業，而這些作業也要進行80次。如此一來，恐怕會對門市最重要的「銷售業務」造成影響。

因此，便利商店採用的是「共同配送」制度——也就是在共同配送中心統一將多家廠商的商品裝上一輛貨車，再配送到門市的做法。

說穿了，其實導入這一套共同配送的機制並不輕鬆。畢竟把商品賣進便利商店的廠商，基本上彼此都是競爭對手。而要這些競爭對手共同推動一項工作，是很顛覆傳統常識的做法。

據了解，便利商店的共同配送是始於「日配食品」。所謂的日配食品，顧名思義就是必須每日配送、效期不長的商品。不過，日配食品的廠商多為在地中小企業。在這些企業當中，具備足夠的配送能力，能配合便利商店佈建的門市網，進行範圍廣大、操作細膩的少量高頻率配送者，其實相當罕見。若想達到便利商店的要求，光是各憑本事，恐怕成果還是有限，因此廠商需要互助合作，打造共同配送中心，以強化配送能力。

就這樣，便利商店的共同配送，最早雖是始於日配食品，但絕大多數把商品賣進便利商店的廠商，終究還是都加入了這個體系。到了這個階段，再怎麼共同配送，還是很難把所有商品都擠進一輛貨車。於是便利商店業界就依管理商品時所用的「溫層」來分類，採取「同一輛貨車，配送相同溫層商品」的做法。例如冷凍食品和冰淇淋等商品，就裝進一輛有冷凍設備的貨車來配送。目前，以冷藏（5℃）、恆溫（20℃）、冷凍（零下20℃）、常溫這四個溫層來進行共同配送，已成為便利商店業界的常態。這就是所謂的「多溫層物流」。據說有了這一套物流體系之後，原本平均每天要動用80輛的配送車，成功減為每日平均約10輛的水準。

【圖 6-1　便利商店的資訊應用與物流效率化】

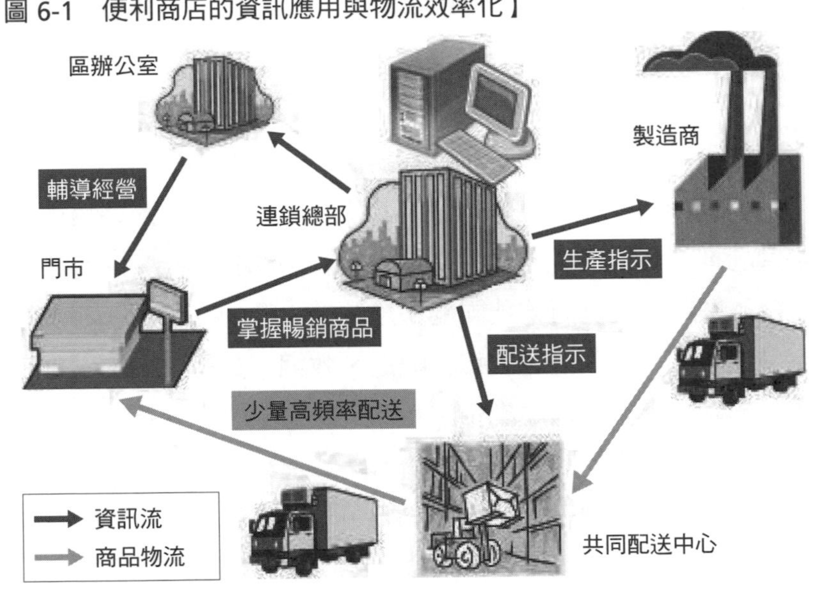

資料來源：作者根據日本7-Eleven官方網站（7-Eleven徹底剖析：第6次綜合資訊系統）編製（https://www.sej.co.jp/company/aboutsej/info_01.html）

雖說有了多溫層物流之後，的確減少了貨車出動的數量，但如果10輛貨車集中在同一個時段抵達門市，店頭還是有可能會亂成一團。於是便利商店製作了服務時刻表（service planning diagram），訂定每一輛貨車抵達門市的時間。這就是所謂的時刻表配送。有了時刻表配送的機制，貨車就不會集中在同一個時段抵達門市，而且像便當等在固定時段銷路特別好的商品，也能在合宜的時間配送到店，不會錯失銷售時機。

少了資訊系統，就無法落實這樣的物流體系——這一點應該毋須贅述。便利商店和幾家業者分享POS系統上蒐集到的商品銷售實績資訊，預測哪一項商品要生產多少數量，以及需配送多少商品到哪個據點，並實現「沒有浪費的物流」。

光是這樣探討「便利商店」一個業態，我們就可以知道：它就必須動用少量高頻率配送、多溫層物流和時刻表配送等物流面的新技術，以及撐起這些物流機制所需的先進資訊技術，方能成立。因為有了這些技術，便利商店現今「在100平方公尺大小的小巧店面裡，供應多達3,000個品項」的樣貌，才得以實現。換言之，「便利商店」這種業態，堪稱是這些業態技術的集合體。

此外，在便利商店這種業態確立後，隨之衍生而來的需求，更孕育出了「不必等待，馬上滿足」式的消費型態。以往，就算半夜突然需要什麼東西，也只能等到隔天早上再買的消費者，在24小時營業的便利商店出現後，就能隨即買到想要的商品。況且便利商店這種小規模的商家，目標客群只鎖定在「半徑500公尺內」的有限範圍，所以顧客不論是要到店購物，或是在店裡尋找目標商品，都能輕鬆方便、不費工夫地完成消費，的的確確就是販賣「便利」的商家。因此，消費者可選擇一種嶄新的生活型態，那就是「不在家中囤積商品，需要時再到便利商店購買」。這種消費形態，我們稱之為「消費即時化」。一個新業態的確立，有時就會像這樣，催生出一種新的消費形態；而這些業態都是因為有相關業態技術的研發問世，才得以確立。

3. 業態創新與業態技術

如前所述，便利商店這種業態，堪稱是由撐起它的這些業態技術，所組成的集合體。其實不只是便利商店，回顧歷史，所謂的「新業態」，也都是以「新業態技術集合體」的形式出現。

例如第2章所探討的百貨公司，就是史上最早出現的創新零售業態。一八五二年（嘉永四年）在巴黎風光開幕的樂蓬馬歇百貨（Le Bon Marché），被認為是世界上最早出現的一家百貨公司。而它問世的背後，其實也有著新業態技術的推波助瀾。鋼骨建築與電梯技術等建築技術的演進，造就了前所未有的巨大門市；而製造平板玻璃的技術發展，讓百貨公司可以打造大片的玻璃櫥窗，甚至還被稱為是「消費的殿堂」。在這座消費的殿堂裡，匯集了琳瑯滿目的商品。而能造就出這樣的購物環境，靠的是「部門別管理」這項營運專業——而它也是「百貨公司」（Department Store）這個名稱的由來。各部門各自對自己的商品採購、管理和銷售負責，在銷售品項的廣度上，實現了獨立商店不可能做到的水準。此外，許多如今在零售業當中被視為是理所當然的銷售原則，包括店內自由瀏覽、不二價、品質保證和自由退換等，當年都是由百貨公司率先提出。這些原則對任何人都適用，因此有人說百貨公司實現了「消費的民主化」——大家願意接受這些銷售原則，讓大量匯集的商品得以大量售出。而百貨公司就是這些新業態技術的集合體。

百貨公司開拓出了都會區的需求；而另一方面，其實也有挖掘出農村地區需求的新業態問世。十九世紀末，美國陸續出現了幾家大型郵購業者，例如一八七二年（明治五年）成立的蒙哥馬利華德

（Montgomery Ward），還有在一八八六年（明治十九年）開設的西爾斯羅巴克（Sears Roebuck）等。對於那些農村地區的消費者而言，住的地方距離百貨公司十萬八千里遠，平時又只能仰賴銷售品項寥寥無幾的雜貨店（General Store），或像極了詐騙的跑單幫商人，於是便欣然接受了郵購這個選擇。這些郵購業者能生存，其實也是因為當時的交通工具逐漸發達，再加上郵遞業務等技術的進步，才讓郵購業態得以成立。還有，郵購配送中心高效營運的專業，也是一大強項。據說連汽車大王亨利・福特（Henry Ford）在構思福特生產之際，都曾參考過這一套機制。

百貨公司的銷售方式，被譽為是「消費的民主化」；相對的，超市所帶動的業態技術創新，則被稱為是「消費的大眾化」。誠如我們在第3章所介紹，成立於一九三〇年的金庫倫，是全球第一家超級市場。而這種超市業態最大的特色，就是自助式銷售。因為導入了自助式銷售機制，顧客才能隨心所欲地拿起商品端詳、比較，在自由的氣氛下購物。自助式銷售帶來的成本撙節效益、自在的購物環境，以及利用大量廣告刺激消費等因素，則是超市被稱為「消費的大眾化」的原因所在。然而，我們也不能忘記：要落實自助式銷售，其實需要運用很多慧心巧思。我們在第3章介紹也曾介紹過，要做好自助式銷售，首先要讓所有商品都包裝完整，規格、品質和包裝樣式都必須標準化，顧客才能在沒有店員幫忙的狀態下，獨自在店內購物。這些都是過去零售通路所沒有的技術，因此我們也可以說是這些業態技術，催生了「超市」這個業態。

專欄 6-1

流通政策與業態

流通政策所扮演的角色，是訂定「哪些業態應嚴加管制」、「哪些業態較鼓勵發展」的相關規範。

一九三七年，由於日本的百貨公司成長，讓中小零售業備感威脅，為保護這些中小零售業，「百貨店法」遂正式上路施行。這項法令雖一度於一九四七年廢除，後來又於百貨公司反對運動風起雲湧的一九五六年再次立法（第二次百貨店法）。

到了一九六〇年代，超市快速崛起。由於當時超市還不是百貨店法管轄的業態，因此日本政府在一九七四年實施大規模小賣店鋪法（大店法），管制對象擴大到百貨公司以外的各種大型商店。此舉提高了超市展店的難度，也迫使超市業者不得不另行開發新業態，「便利商店」這個新業態便於焉登場，而且超市業者為與中小零售業共存共榮，還收編中小零售商店，納入自家組織，發展成加盟連鎖。

然而，規範嚴謹的大店法，對於那些有意進軍日本市場的外資零售業者而言，形成了一道極大的進入門檻。這件事後來發展成了國際問題，於是法規開始逐步鬆綁，到了一九九四年時，面積未滿 1,000 平方公尺的商家，已可自由展店。

只不過，自由競爭不只有優點，也帶來了一些問題。於是大規模小賣店鋪立地法（大店立地法），便在二〇〇〇年六月正式上路。大店法是以保護中小零售業為目的，而大店立地法則是以保護門市周邊的生活環境為目的。因此，業者此後必須開發出能充分顧及門市周邊交通、噪音、公害等問題的業態。例如在大店立地法制定前，大型零售商場周邊的道路常有塞車亂象等問題；法令上路後，塞車只會出現在大型零售商場基地內那些長長的疏導動線，車陣不會外溢到周邊道路上，差異立現。

到了最近，「大店立地法」、「都市計劃法」和「中心市街地活性法」被合稱為「社區營造三法」。顯見日本社會已能整合運用這三項法令規範，並從社區營造的觀點，思考大型商場該有的樣貌。

還有，第4章所探討的廉價商店，背後也有一些支撐它發展的業態技術。從消費者的觀點來看，廉價商店一如名稱所示，就是商品樣樣便宜的店家。但為了成就這份「便宜」，背後其實運用了各式各樣的業態技術。像大創這種百圓商店，或是SPA等平價成衣品牌等，這些在第4章介紹過的商家，其實也都是屬於廉價商店。然而，這些業者為了採購到價格便宜、品質精良的商品，都培養出了一套能深入生產技術層面，在「低價」與「成本」的平衡（取捨）上做出變革的專業。此外，同樣是廉價商店，還有一種名叫「品類殺手」的業態，以玩具通路「玩具反斗城」，和銷售運動用品的「運動權威」（Sports Authority）最為人所知。它們會聚焦特定品類，並在該品類祭出深度、廣度無與倫比的豐富品項，以及大量採購所帶來的破盤低價。就連這些品類殺手，也都具備積極研發自有品牌商品，深入生產層面，以解決「價格」與「品質」取捨的技術。廉價商店不只是樣樣便宜賣的店家，更是這些業態技術的集合體。

從本章所介紹的案例，和第3章所論述的內容，各位都可以看出：便利商店是各種業態技術的集合體。而經營便利商店的各種專業，我們也在本書中多所著墨。另外要再一提的是，所謂的「業態技術」，內容其實包羅萬象。有像百貨公司那樣的建築技術，也有像超市的那些標準化技術、自助式銷售等銷售上的專業，在廉價商店是生產技術，而在便利商店則是資訊處理和物流技術等。研發出來的業態技術越特殊，越有助於確立新業態。

專欄 6-2

零售之輪理論

在說明零售業態變化的理論當中，「零售之輪理論」（wheel of retailing theory）尤其具代表性。新的零售業態，多半會以低價為武器殺進市場。可是，隨著消費者逐漸接受這個業態，事業規模日漸壯大，進軍市場之初不需支出的各項管理成本，例如擴大賣場所需的成本、展店成本，以及統轄各分店的總部營運成本等，都成了必要開銷。於是原本以低價為武器殺進市場的零售業態，由於成本逐步墊高，不得不銷售一些利潤較高的商品，價位遂漸趨於高價（加成）。如此一來，市場上便不再有業態能滿足追求便宜的那群消費者，於是就形成了一個空白地帶，吸引新的廉價業態投入。

換言之，零售之輪理論的內涵，就是指零售業的業態變化，會從「①以低價為武器殺進市場」、「②售價加成，朝高價區間移動」、「③低價區間出現空白地帶」到「④新的廉價業態投入市場」，依序周而復始地輪動，就像輪子一樣。

不過，零售之輪理論所描述的現象，其實也可能出現反向的版本——也就是起初走高價位路線進軍市場的業態，在經年累月的發展後，轉進低價區間。一般而言，期望以中等價位，買到中等品質或服務的消費者，會比那些願意為了追求高水準品質或服務，不惜付出高價的消費者更多。因此起初以高價路線投入市場的業態，往往會為了爭取更多需求，而轉進低價區間。如此一來，市場上就沒有任何業態能滿足消費者「願以高價購買優質商品」的需求，於是便出現一個空白地帶，吸引新的高價業態投入。

就像這樣，其實不只是低價區間，就連高價區間也會因為沒有業者能滿足消費者的需求，而讓有意迎合這些需求的新業態，就像被吸納進市場似地，在這個空白區塊（真空地帶）出現。這個概念，就是所謂的「真空地帶理論」（The Vaccum Theory）。

4. 結語

在本章當中，我們了解了「零售業態是業態技術的集合體」。而業態技術能確立，並發展成集合體，等於是將前所未有的嶄新消費形態付諸實現。就這一層涵義而言，業態技術的確立，也是在改變社會。

不論是推動消費民主化的百貨公司，或是促成消費大眾化的超市，都是先有這個業態出現，才讓消費走向民主化、大眾化，而不是消費者主動要求。而消費的即時化，也是在便利商店問世後才得以實現的消費行為。與其說是消費者提出這樣的需求，倒不如說是便利商店提供的一套方案。還有，就如本書第8章所述，各位讀者應該也都看親眼見證到：「網路」這項新的業態技術，幾乎是天天都在催生出新業態。網路技術的出現，每天都在讓我們過去不曾想像過的購物形式化為現實。就結果來看，獲得消費者認同，躋身成為「業態」的零售形態，其實就是成功開拓出新需求，催生出嶄新消費行為的形態。

不論零售業者推出什麼樣的業態，當然還是要消費者願意接受，業態才能成立。因此，並不是業者推出什麼業態，都能在市場立足。不過，如果要說何者為先的話，終究還是會由零售業先推出新的業態方案。

像這樣提出新的業態方案，如今已成為零售競爭當中的一大重點。既然業態是業態技術的集合體，那麼少了業態技術的研發，就無法推出新的業態方案。能否研發出嶄新的業態技術，技術推出後消費者能否接受，可否開拓出新的需求，便成了零售競爭最重要的關鍵。

?動動腦

1. 請試著回想一下自己常光顧的零售商店，談談它是怎麼樣的一家店，並想一想你喜歡它的哪些方面？
2. 承1，要落實你喜歡的那些特點，需要用到哪些業態技術（專業或巧思）？
3. 如果這家店要加入新的商品或服務，需要用到哪些業態技術？舉例來說，假如你常光顧的便利商店要賣二手書，需要哪些業態技術？

參考文獻

石原武政、池尾恭一、佐藤善信《商業學》（新版），有斐閣，2000年

田島義博、原田英生編《流通入門講座》日本經濟新聞社，1997年

鈴木安昭、田村正紀《商業論》有斐閣，1980年

矢作敏行《現代流通》有斐閣，1996年

進階閱讀

石原武政《商業組織的內部編制》千倉書房，2000年

高橋克義《現代商業學》有斐閣，2002年

矢作敏行《便利商店系統的創新性》日本經濟新聞社，1994年

第 7 章

支撐零售的運籌

1. 前言
2. 物流的角色與主要功能
3. 物流的輔助功能：輔助功能的發展與運籌
4. 思夢樂的運籌
5. 結語

1. 前言

請各位回想一下自己在電商網站訂購的商品，送到手上那一天的情景。和在零售通路的店頭購物時相比，想必是別有一番不同的喜悅吧？只要拿不到商品，就算「訂購」變得再怎麼方便，也是枉然。物流是社會上很重要的一項活動，然而，各位平常對於「物流在社會上是重要的一項活動」這件事，或許並沒有太切身的感受——因為一般人都要到遭逢強震或豪雨成災，才會體認到物流的重要。畢竟在這種急難的非常時刻，我們才會真正面對「商品匱乏」的現實，讓我們察覺物流的重要。

2. 物流的角色與主要功能

◇物流的角色與定位

物流是用貨車運送商品，或將商品存放在倉庫保管的活動——用流通理論的專業術語來說，這些業務稱為「運輸功能」和「保管功能」，被定位為物流的主要功能。另外還有一些與主要功能相關的業務，例如在運送前為商品裝箱（包裝），或搬動貨物（裝卸），以及下達如何搬動貨物的指令（資訊）等業務，就是所謂的輔助功能。

這些物流活動，通常多半是在交易（採購、銷售）後才進行，因此在流通理論當中，往往會將物流活動認定為「交易的後工程」或「交易的善後」。不過，由於市場改從「零售業態」的觀點來看待物流活動，因此這樣的認知也開始出現了轉變。接下來，我們會先檢視物流的兩個主要功能和三個輔助功能，再認識「運籌」的概念，一方面也幫助各位了解市場對物流活動的認知變化。

◇運輸功能與運輸工具

首先要介紹的運輸功能，就是將貨物從某個地點移動到另一個地點的活動。日本國內的貨物運輸，大多是以貨車運送。日本的公路網遍佈各地，高速公路網也四通八達，貨物在1～2天之內，就送到全國各地。在長途運輸方面，則有大貨車在各據點間往來；市區則有小貨車靈活穿梭，一天送貨到好幾家門市；至於在店面面積狹小，無法儲放商品庫存的便利商店，則會有貨車進行少量高頻率配送，以避免商品售罄缺貨。

回顧歷史，我們可以發現：貨車是在20世紀後半，才開始成為主要運輸工具；在此之其，人們所使用的運輸工具是海運和鐵路。江戶時代開發了西迴航線，還發展出了連結江戶和大坂的航路，可見海運（船）早在當時就已經是相當重要的運輸工具。此外，進入明治時期後，日本全國各地築起了鐵路路網，人們開始用蒸汽火車運送貨物。這個變化，讓內陸城市之間的運輸往來更為活絡。

到了20世紀後半，又有一個重要的運輸工具被納入了物流系統——那就是飛機。空運可迅速地運送貨物，北海道或九州漁夫所捕的魚，能在當天之內就送到東京，全都是拜空運之賜。甚至還有業者乾脆直接在機場裡設置漁獲加工廠，依訂單內容將鮮魚直接送往高級餐館。飛機有時還會跨國運送鮮魚，例如在地中海捕撈上岸的鮪魚，只要搭上當晚的班機，隔天就可以送到東京。這樣看來，飛機可以說是相當適合運送易腐壞商品或高價商品的工具。

觀察日本國內的運輸工具，仍是以汽車（貨車）為最大宗。二〇一一年，日本國內運送的貨物多達48億5,700萬噸，其中有90%以上都是透過貨車運輸。近年來，由於電商交易的增加，貨物批次配送量逐漸減少的同時，透過宅配運送的貨物量則急遽增加。緊接在汽車之後的運輸工具則是船舶、鐵路和飛機，但它們的占比都相當低。

◇保管功能與倉庫

第2項主要功能是保管功能。它所扮演的角色，是負責調整生產與消費的時間差。它不只是儲放商品的活動，更包括了物理性地管理儲放中的商品，以維持商品價值的活動。而實際進行這些保管活動的設施，就是「倉庫」（物流中心）。

「冷藏倉庫」的出現，飛躍性地推升了保管功能。冷藏倉庫可讓商品儲放在攝氏10℃以下的低溫環境，能避免商品腐壞或品質下降。尤其是氣溫一高就很容易溶化的巧克力零嘴，更是因為冷藏倉庫的數量增加後，才能在夏季時也同樣流通於市。此外，像冰淇淋或聖誕蛋糕等商品，則是因為冷藏倉庫問世，才可進行計劃生產，並儲放在冷藏倉庫中，以因應短期激增的需求。

像這種以儲放商品為重點的倉庫，就是所謂的「存儲倉庫」（倉儲型物流中心）。相對的，近年「流通倉庫」（轉運型物流中心）的運用漸趨普及。流通倉庫不僅是暫時存放商品的地方，更是進行流通加工等追加活動的設施。

3. 物流的輔助功能：輔助功能的發展與運籌

◇包裝

第一項輔助功能是包裝功能（調整貨物的形狀），也是物流的起點——因為生產線送出散裝（裸裝）商品後，生產活動即告結束，商品包裝完成後，就要展開一連串運送到零售通路的物流活動。況且只要將商品包裝妥當，調整成方便運送的形狀，後續的物流活動就能進行得更又效率。

蛋（雞蛋）是一般家庭和餐廳裡不可或缺的食材。直接裸裝搬運，雞蛋恐有在運送途中碰撞、打破之虞。直到一九五五年前後，雞蛋都還是裝在塞滿稻殼的木箱裡運送，到了零售通路再改裝進紙袋裡銷售。可是，木箱體積大又重，市場上熱切希望有其他容器可以取代木箱。

自一九六五年前後起，讓立著的雞蛋有一半能服貼塞滿，且附有凹槽的硬質聚氯乙烯（PVC）「蛋盒」問世（現在市面上用的是聚乙烯對苯二甲酸酯（A-PET）蛋盒）。在物流上開始運用這種蛋盒之後，產地就會以數顆為單位，把經過洗淨、乾燥、挑選的雞蛋裝盒，並稍微封口後，運送到零售通路，而店頭也索性直接賣起了這種包裝的雞蛋。

像蛋盒這種包裝技術的創新，讓沉重的木盒從流通過程中退場，還能在不改變貨物形狀的狀態下運送雞蛋，可說是改善了物流的效率。況且在零售通路的店頭，又可直接以盒裝出售，不必重新分裝雞蛋。多虧有了這樣的包裝，讓雞蛋得以在採行自助式銷售的超市裡，創造出了可觀的銷量。

◇裝卸

第二項輔助功能是裝卸，也就是在倉庫內外搬運貨物的活動。裝卸業務所扮演的角色，就是在串聯「運輸」和「保管」這兩項主要物流功能。少了裝卸，各項物流功能之間就無法相互連結。所以，裝卸在對主要物流功能的支援上，扮演著相當關鍵的角色。

不過，裝卸可是一份相當粗重的苦差事——因為早期要把商品從進港的船隻搬上岸，或從倉庫把商品搬進搬出等作業，全都仰賴人力進行。負責裝卸的作業員會把貨物扛在自己肩上，因此多半都有關節或腰部方面的毛病。而且各種大小工傷，舉凡腳步踉蹌跌倒，或跌倒後被貨物壓住等，屢見不鮮。因此，在物流業界，尤其是在日本，都推動了貨物裝卸的機械化，以促進搬運的省力化，達到不再仰賴人的臂膀、肩膀來裝卸貨物的目標。

商品從生產者的工廠運送給批發業者時，每一批的數量都很多。這時，貨物就要以「單位裝載」（Unit Loads）的裝卸原則來處理。所謂的單位裝載，就是用堆貨板和容器等工具，將多件貨物整合成一件來搬運的概念。實務上所採用的方法，是把裝在紙箱裡的貨物堆在一種「棧板」上，再用堆高機搬運這些棧板。

從批發商到零售商之間，商品會再經過分裝，並以小批量的形式運送。批發商會將棧板上的貨物拆卸下來搬運，而這個過程也逐漸走向機械化——業者會用輸送帶和自動分揀機（auto sorter）等搬運設備，自動搬運那些原本裝在紙箱裡的貨物。儘管從紙箱裡將商品一個個拿出來，還是免不了要用人工作業，但電子標籤揀貨系統的運用，已大幅提升了裝卸作業的效率。商品分裝完後，會裝進物流箱（tote box），再放上輸送帶或籠車，於倉庫內搬運移動。近年

專欄 7-1

倉庫裡的裝卸創新

倉庫是保管商品的設施。在倉庫裡，作業員會從事裝卸活動，就是把工場或廠商送來的商品放上棚架，或依門市、顧客的訂單內容搬出商品。

早期批發業者接到訂單後，作業員會從倉庫的棚架上，拿出裝有指定商品的箱子（例如裝有一箱 24 個罐頭的紙箱），整箱直接送到零售通路去。然而，隨著便利商店的增加，批發業者的倉庫有越來越多訂單，是一項商品只要 1、2 個的小批量訂單。如此一來，作業員就必須打開那些裝有商品的紙箱，依訂單所載數量拿出商品，並重新裝進運送用的箱子，再搬上貨車。為減少這些裝卸作業過程中的錯誤，提高物流精準度，物流現場推動了各式各樣的創新。在此就為各位介紹其中兩個創新的案例。

第一個是電子標籤揀貨系統（Digital Picking System，DPS）。在 DPS 這套系統當中，保管商品的棚架上都會安裝電子標籤，電腦會依訂單內容，向作業員下達指示，請作業員從指定棚架拿出指定數量的商品。導入 DPS 機制後，作業員就能正確無誤地拿出訂單指定數量的商品，大幅提升了物流的精準度。

第二個則是機器人的應用。近年來，網路電商的交易量激增，越來越多企業開設網路購物專用的物流中心。例如家具、家飾通路宜得利，就導入了最先進的「機器人自動倉庫」，在物流中心內進行裝卸業務。在機器人自動倉庫裡，只要一接到消費者的訂單，機器人就會自動拿取商品。這些商品送到裝卸作業員手邊後，作業員只要拿出指定數量，裝入出貨箱，最後再打包即可。對宜得利而言，儘管導入機器人的初期投資金額較為龐大，但有了這些設備，就能以少量人力，正確且迅速地處理大量訂單。

（參考文獻）運籌用語辭典編輯委員會（編）《基本運籌用語辭典〔第3版〕》白桃書房，二〇〇九年；《Material Flow》二〇一六年五月號、九月號來，貨物出、入倉或搬運移動皆採自動化的「自動倉儲」也漸趨普及，倉庫內的機械化程度越來越高。

如今，我們在倉庫內看到的裝卸作業，已鮮少出現「人扛著沉重貨物」的場景。物流作業不再像早期那樣，充滿各式勞力工作，都是因為裝卸作業導入了多種機械、設備，落實作業省力化的緣故。

◇資訊

第三項輔助功能是資訊功能。物流上的「資訊」，會從接到顧客訂單後，到商品送到顧客手上的這段過程中產生。業者必須配合物流活動的進度，蒐集、管理這些資訊，並妥善處理，以便能正確無誤地滿足顧客的訂單需求。

不過，要依顧客訂單指示交付商品，其實並沒有想像的那麼容易。以批發商為例，顧客數量從幾百到幾千不等，當這些客戶分別下單時，最多甚至可達到數萬筆訂單之譜。如此大量的訂單，難免發生些許疏失，例如有一、兩位作業員一時不察看走眼，搞錯了訂單編號，或從棚架上拿出了訂單上沒有的商品等。

為避免發生這樣的疏失，物流業界又引進了「帳物一致」的概念。所謂的「帳物一致」，就是要讓訂單（資訊）和商品（實物）達成一致。要做到「帳物一致」，就必須落實管理作業員的業務內容，力求商品處理必須與訂單內容相符。因此，許多企業除了透過物流資訊系統向作業員下達指令之外，還會運用資訊設備（分揀掃描器等）來確認人類所進行的工作結果是否正確無誤。物流業界就像這樣，運用物流資訊系統和資訊設備，排除作業員的作業疏失，打造出資訊與實物隨時一致的狀態。

◇運籌

前面我們分別看過了物流的五大功能，但在實務上，物流功能絕非個別獨立運作。各項物流功能不斷進化發展，再搭配新的資訊科技，讓匯總全套物流功能，進行整合管理的思維逐漸普及——這就是所謂的運籌。

運籌是巧妙串聯各項物流功能，用更低的成本，為門市與顧客創造出更優質物流服務的一種概念。如前所述，隨著商品包裝技術提升，貨物的形狀變得更方正，裝卸就會更有效率；而裝卸作業的效率提升，連帶也使得運輸和保管功能的運作更流暢。這些功能如果還都能依訂單資訊內容操作，那麼整個物流作業就不再有任何浪費，且能確實地將必要的商品，送到門市和消費者手中。

思夢樂股份有限公司（以下簡稱思夢樂）就是巧妙將運籌概念融入物流業務的一家企業。接下來，就讓我們來來看看思夢樂的物流功能與運籌。

4. 思夢樂的運籌

◇思夢樂的創設與成長

思夢樂是一家零售企業，主要銷售女性及兒童的日常生活服飾。一九五三年創立於埼玉縣的思夢樂，早在草創之初就已陸續導入自助式銷售和集中採購（central purchasing）機制，打造出推動連鎖經營的體系。因此，後來它的門市家數年年增加，截至二〇一八年二月時，已有2,145家門市。二〇一八年二月底結帳的集團年營收達5,651億2百萬日圓，經常利益高達439億2千萬日圓。

思夢樂旗下的主力業態「流行服飾館思夢樂」，都是位在郊外的主要幹道旁或購物中心內，佔地約1,000平方公尺（約300坪），算是規模較小的商家。各門是銷售品類包括女裝、男裝、童裝、家飾寢具等，店內隨時都有4～5萬個品項。門市庫存量基本上是1個品項2件，除了部分實用單品外，商品售完就不會再追加下單，但會再進新款商品，讓店內不斷推陳出新，陳列新款式。

思夢樂公司本身並未從事商品生產業務，但落實「不退貨」的採購機制，所以能以便宜的價格向廠商採購。因此，它在價格設定上，總能讓主要目標客群——家庭主婦毫無壓力、輕鬆選購。而近年來，它不只走平價路線，也充實了一些流行性強或功能性高的商品。

◇思夢樂的物流

思夢樂的強項，其實不只有便宜而已。銷售品類多元、品項豐富的平價商品，各款式數量雖少，卻能紮實創造獲利的機制，也是它的一大優勢。而物流正是支撐這項優勢發揮效益的關鍵機制。

思夢樂銷售如此品類多元、品項豐富的商品，幾乎都是向製造商採購而來，且在中國生產的產品，更佔了其中的八成，因此花在商品運送上的成本相當可觀。於是思夢樂便決定自行打造一套物流機制，用便宜的成本，將商品從中國送到日本的各家門市。

【圖 7-1　思夢樂的物流機制】

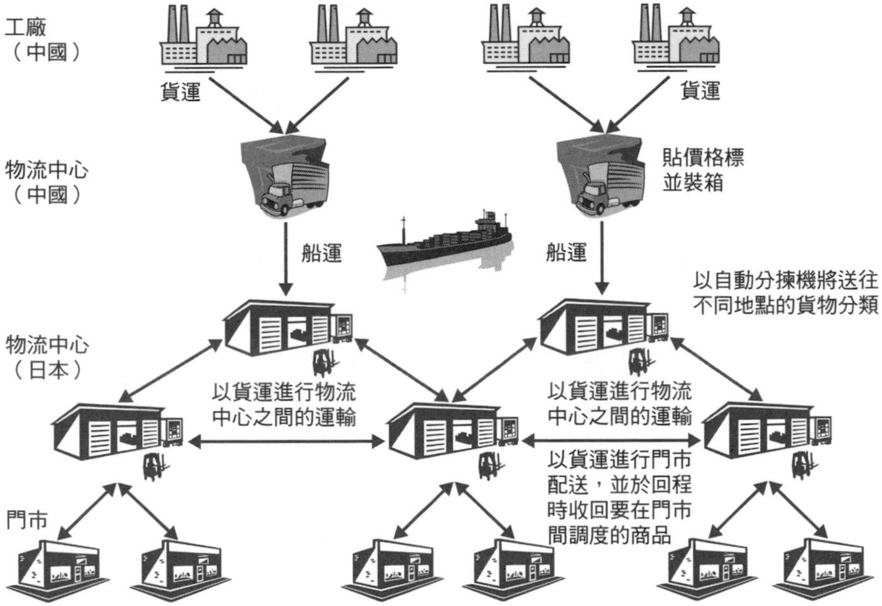

工廠（中國）
貨運
貨運
物流中心（中國）
貼價格標並裝箱
船運
船運
以自動分揀機將送往不同地點的貨物分類
物流中心（日本）
以貨運進行物流中心之間的運輸
以貨運進行物流中心之間的運輸
以貨運進行門市配送，並於回程時收回要在門市間調度的商品
門市

讓我們根據圖7-1，來看看思夢樂的商品流動與物流活動。思夢樂先把來自廠商各生產據點的商品，都集中到他們在中國（上海、青島等地）的物流中心。商品在這裡進行過品質檢核與貼標後，再分裝到送往各店的紙箱裡，然後送上運往日本的貨櫃，以船運送往日本。

至於在日本國內的思夢樂物流中心，則是會打開這些來自中國的貨櫃，將各箱貨物依配送目的地分類。物流中心裡有裝卸用的輸送帶和自動分揀機（auto sorter），只要有少數人員，就能處理大量商品。

依不同配送目的地分類過後，紙箱就會送上貨車，經日本各地的物流中心再送到門市。這些貨物都會在早上送到門市，以便讓門市在來客數較少的時段上架商品，並於來客人潮較多的時段，呈現商品品項一應俱全的狀態。

這些把商品從中國送到日本門市的物流活動，都是在運籌的概念下，由思夢樂統一管理，而非各行其是。因此，一項商品從中國送到日本的門市，思夢樂平均只需要花59日圓。在日本國內寄一張明信片，都還要花62日圓的郵資，思夢樂所打造的這一套低成本物流機制究竟有多出類拔萃，由此可見一斑。

◇門市間調度的機制

思夢樂在物流上的優勢，還不僅止於低成本。運用物流來爭取更多利潤的機制，也是他們的強項。

門市間調度能創造更多利潤，是因為即使商品在某個區域滯銷，只要改送到較有需求的區域，就能全數以定價售出。況且思夢樂的物流成本相當低，商品在門市之間調動轉送，對獲利幾乎不會造成任何衝擊。

商品能像這樣在各門市之間調動，是因為在思夢樂總部設有所謂的調度員，將所有商品依品項、尺寸、顏色，建立了單品管理體系的緣故。舉例來說，當某項商品在A門市已經售罄，但在B門市還有庫存時，調度員就會在電腦系統上做出「將B店商品轉送到A店」的指示。如此一來，商品就可以利用配送貨車的回頭車送回物流中心，再透過前述的物流機制送到A店。

據說思夢樂就是因為很細膩地進行這樣的「門市間調度」，把商品銷售到一件不留，所以降價折扣所造成的獲利損失相當有限。說得更具體一點，一般綜合超市的折扣損失率平均約為11～12％，而思夢樂卻只有5％。

思夢樂將運籌的概念融入經營，進行物流的整合管理，實現了低成本的物流活動，還培養出了不必折損利潤，就能將商品銷售一空的實力。而這些努力的結果，讓思夢樂在商品毛利偏低的情況下，仍能靠著撙節物流費、減少折扣損失等方法，成功推升獲利。

◇零售業裡的運籌

想必各位已經可以理解：供應商品給門市或消費者的物流作業，對零售業而言已是不可或缺的一項功能。將統籌管理各項物流作業的「運籌」思維融入經營，而非個別考量每項物流作業，才是以低成本創造高品質物流服務的關鍵。

觀照這樣的實務後，傳統流通理論中對物流的認知——「交易的後工程或善後」，就會和我們所看到的「物流」截然不同。零售業態要持續經營下去，物流功能絕不可少；若不引進「運籌」的概念，零售業者就無法在展店後做到最有效率的營運。換言之，「運籌」這個概念，其實就是零售業態成立、發展的前提條件，更是一項重要的業態技術。

專欄 7-2

第三方物流

本章所介紹的思夢樂，是由企業自行管理運籌業務。而另一方面，其實也有另一種想法，那就是把運籌業務全都委由外部企業辦理——這就是所謂的第三方物流（Third Party Logistics，簡稱 3PL）。

這裡所謂的「第三方」，各位只要把它想成是參與企業運籌業務的第三個企業（3rd Party）即可。如果貨主企業（例：製造商）是參與運籌的第一個企業（1st Party），那麼第二個企業，就是實際執行物流活動的物流業者，例如運送業者或倉儲業者等。而第三個企業，就是「3PL 業者」。3PL 業者會接下貨主企業的所有運籌業務，處理貨主企業的物流活動。

從貨主企業的觀點來看，3PL 所代表的，是「策略性地將自家企業所有運籌相關業務，委由外部業者處理」的意思。貨主企業導入 3PL 之後，在企業內部甚至不必處理物流業務也無妨。這樣一來，貨主企業就可以：①將經營資源集中投注在核心競爭力（core competence）。②請專門從事物流活動的企業提供高水準的物流服務。③易於管控物流費，所以企業經營效率更佳。

相對的，3PL 業者則要在「為貨主企業提報更有效率的運籌改革方案，並概括承攬運籌相關業務」的前提下，致力推動 3PL 業務。3PL 業者在與貨主企業簽訂 3PL 契約時，需要投資大筆的資金，但因一次就能簽下長期的委任合約，收益進帳穩定。對貨主企業和 3PL 業者來說，這樣的合作模式對彼此的企業經營都有益，所以有越來越多企業都選擇引進 3PL。

參考文獻：湯淺和夫《物流與運籌的基礎》日本實業出版社，2009年。

5. 結語

在本章當中，我們看過了物流角色、功能的內涵，以及它們的技術創新，還有「運籌」的概念。本章的學習內容主要可歸納為以下3點：

第一，支撐零售運作的物流，指的並不只是的商品運輸、保管功能，包裝、裝卸和資訊等輔助功能，也扮演了很重要的角色。

第二，輔助功能的發展，讓商品運送、流通變得更容易，也讓「運籌」這個統籌管理物流功能的概念更普及。

第三，運籌是支撐零售技術發展的重要業態技術。

？動動腦

1. 選一個你知道的成衣零售商店，再加上「物流」這個關鍵字，在網路上搜尋看看（例：優衣庫 物流）。再用本章所學的概念，整理這家企業所推動的物流活動，想一想它有哪些優勢？
2. 承1，比較你調查的這家企業，和本章所介紹的思夢樂，看看它們在物流活動上，有哪些共通點和差異？
3. 如果少了包裝或裝卸功能，運籌會有什麼變化？在缺少任何一種物流功能 的狀態下，運籌是否還能確實運作？

參考文獻

市來清也《倉庫概論》（修訂版），成山堂書店，1988年

月泉　博《優衣庫vs思夢樂》日本經濟新聞出版社，2009年

茂木幸夫、山本　敞、太田靜行《你該知道的食品包裝》幸書房，1999年

進階閱讀

角井亮一《物流致勝：亞馬遜、沃爾瑪、樂天商城到日本7-ELEVEn，靠物流強搶市場，決勝最後一哩路》商業周刊，2017年

齊藤　實《物流事業最前線：網路購物、宅配，最後一哩路的攻防》光文社新書，2016年

信田洋二《7-Eleven之「物流」研究：全球最強！串聯日本國內最大門市網的運籌全貌》商業界，2013年

第 8 章

網路科技與全新零售業態

1. 前言

各位是否曾在網路上買東西？透過網路締結商品、服務的買賣合約或結帳付款，就是所謂的電子商務（Electronic Commerce，簡稱EC）。電商可分為幾種不同的交易形態，包括企業對企業（Business to Business，簡稱B2B）、企業對個人（Business to Consumer，簡稱B2C），以及個人對個人（Consumer to Consumer，簡稱C2C）。（專欄8-1）

日本B2C市場的規模逐年擴大，至二〇一六年時，已成長（圖8-1）到逾15兆日圓（電商化比率5.43％。「電商化」是指電子商務在所有商業交易當中所佔的比例）。這一年，B2C最具代表性的企業之一——日本亞馬遜創造了逾1兆日圓的營收，在日本的零售業營收排行上一舉攻佔第6名（表8-1）。顯見沒有實體店面的電商平台企業，在你我的各項交易行為當中，已成為舉足輕重的要角。電商市場成長的背後，究竟有哪些網路科技和全新零售業態問世？本章我們就要透過亞馬遜的案例，和各位一起來探討這個問題。

【圖 8-1　B2C 電商市場規模與電商化率的推移】

資料來源：日本經濟產業省〈電子商務市場調查〉2017年

【表 8-1　日本零售企業營收排行】

1	永旺（AEON）
2	7&i
3	迅銷（Fast Retailing）
4	山田電機（Yamada Denki）
5	三越伊勢丹（ISETAN MITSUKOSHI）
6	日本亞馬遜
7	杰福爾零售[15]（J Front Retailing）
8	高島屋
9	H2O 零售（H2O Retailing）[16]
10	UNY 全家[17]（FamilyMart UNY Holdings）

15 大丸松阪屋百貨的母公司。

16 阪急、阪神百貨的母公司。

17 2016 年 9 月，日本全家正式收購擁有 circle K 便利商店等零售通路的 UNY 控股公司，組成 UNY 全家。之後又於 2017 年將 UNY 股份的 40% 出售給唐吉訶德（Don Quijote），並於 2019 年 9 月更名為株式會社 familymart。

專欄8-1

C2C交易與履約保證

電子商務（電商）可分為 B2B、B2C 和 C2C 這三種類型。個人彼此買賣商品的 C2C，更是在網際網路問世後大幅成長的一個市場。在個人交易的市場上，買賣二手商品的案件很多。而在日本，帶動 C2C 市場成長的兩大企業，就是雅虎拍賣和 Mercari。

由於 C2C 市場是個人之間的交易，賣方信用、商品交付和付款等，都是交易上的課題。雅虎拍賣和 Mercari 建立了一套機制，讓買、賣雙方在交易完成後，可為彼此打分數（非常好 非常差），藉此來為對方的信用做擔保。至於付款在付款方面，兩家龍頭則是導入了履約保證（escrow）機制，由平台業者（雅虎拍賣和 Mercari）先暫時保管買方所付的貨款，待買方回報已收迄商品後，再把貨款付給賣方。在美國，這種先由第三方保管買賣價款，待確定交易成立後再付給賣方的履約保證機制，甚至還會運用在不動產交易上。

網路上的這些個人交易，買賣雙方毋需直接面對面接觸，匿名就可展開交易，因此的確信用擔保的機制。買賣雙方對交易實績（結果）評分，以及平台業者介入付款的機制，讓運用 C2C 機制的消費者放心，更因此而促進了市場的成長。

【表 8-2　電商市場的分類】

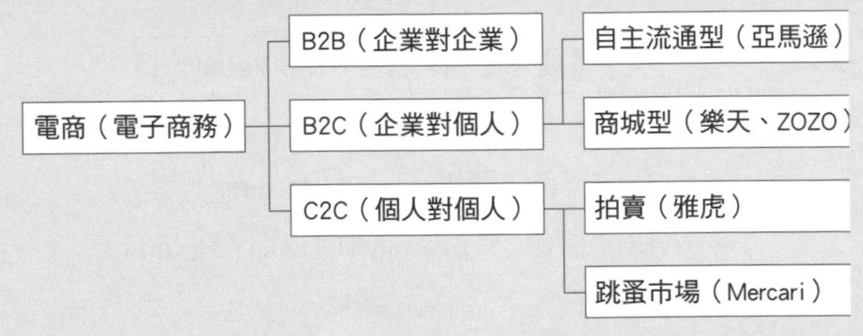

2. 亞馬遜的成長與網路科技

◇傑夫·貝佐斯（亞馬遜創辦人）為什麼會在網路上開書店？

一九九七年七月，「亞馬遜.com」這家書籍的電商企業在美國成立（日本網站是到二〇〇〇年才正式上線）。在此之前，無店面零售當中最具代表性的，其實是型錄郵購。據說當年亞馬遜的創設，不僅是想以網路購物取代型錄郵購，更想開創出前所未有的無店面零售模式。至於亞馬遜為什麼會選擇以賣書起家，傑夫 貝佐斯提出了以下這些原因：

- 書籍在任何一家書店的售價、內容都一樣。書店的競爭，在於銷售的品項夠不夠豐富。
- 已出版上市的書籍很多，但書店的貨架空間卻很有限。書籍這種素材，很適合在沒有貨架空間限制的網路上銷售，也就是說品項數量不受限制。
- 書籍的形狀差異不大，在物流面（保管、庫存管理和包裝等）上容易處理，破損風險也較低。
- 書籍和服飾等商品不同，銷售淡旺較不受流行影響，也不像食品要顧慮效期，是很適合長期銷售的商品。
- 傳統的型錄郵購並未銷售書籍產品。

資料來源：布萊德．史東[18]，2014年

18 譯註：布萊德．史東 (Brad Stone) 是《貝佐斯傳：從電商之王到物聯網中樞，亞馬遜成功的關鍵》的作者。

網路的問世與普及，擴大了無店面零售的可能。舉例來說，網路不僅縮短了消費者前往門市購物的時間、距離（空間），更大幅節省了消費者事前查找商品相關資訊的成本。其實當初市場上認為，網路購物的普及，只會停留在音樂軟體或票券預約等適合數位化的商品；至於容易腐壞的生鮮食品、低單價的便利品（Convenience Products），以及需要觸碰實物或試穿的服飾等，從物流成本和消費者的購物行為特質看來，普及程度應該有限。

透過網路電商搶攻市佔率的亞馬遜，雖然是以廣泛銷售各類書籍起家，但後來也逐漸擴大銷售品項，從文具等便利品，到家電、服飾，甚至是近來的生鮮食品等（專欄8-2），一應俱全，讓亞馬遜壯大成一家綜合電商企業。而且它在美國電商市場的市佔率已達4成，在日本市場也有逾1成。接下來，我們就要以在電商市場一路竄起的亞馬遜為例，探討網路科技如何為商流、資訊流帶來創新，以及電商企業對物流所做的投資。

◇一鍵下單（對「購物方便」的追求）

網路購物和型錄郵購有一個很大的不同，那就是消費者購買商品時的手續（時間）。透過型錄郵購購物時，消費者要先取得型錄，並於訂購單上載明欲購買的商品後，再寄回訂購單。消費者在事前並不會知道自己訂購的商品有沒有庫存，從訂購到取得商品也很曠日廢時。反觀網路購物則大幅改善了這些手續，例如刊登在電商網站上的商品，庫存狀況全都公開透明，從下單到結帳都能當場完成。亞馬遜最為人所知的機制之一，就是導入了所謂的「一鍵下

專欄8-2

什麼都賣的商店

亞馬遜早已不再只是一家網路書店，在它的網站上，銷售品類持續擴大，從日用品、玩具、醫藥品、家電到服飾，甚至是大家都認為不適合放上網路購物平台的生鮮食品都有。其實原本市場上認為，網購在那些方便數位化的商品上，的確會有發展，但實體商品因為會墊高物流成本，發展恐怕有限。然而，就像亞馬遜創辦人貝佐斯所設定的「什麼都賣的商店」（everything store）這個目標一樣，如今就連以往大眾認為很難在透過網路銷售的那些品類，也都已開始在電商平台上銷售。

後來，在美國市場上出現了所謂的「亞馬遜效應」（Amazon Effect）——由於亞馬遜擴大銷售各種品類的商品，重創了那些經營實體通路的零售業者業績。亞馬遜只要開始銷售特定商品，就會搶走該品類的市佔率，導致實體通路被迫關門大吉或破產倒閉。消費者的購物行為從實體轉向線上的程度之高，由此可見一斑。

那麼，為何亞馬遜要持續擴大銷售品類呢？書籍、日用品、服飾和食品，當然都各有不同的銷售、管理技術。而亞馬遜不只致力推動物流業務的自動化、省力化，更積極地為了排除銷售、管理技術的藩籬而大舉投資。舉例來說，為了要讓亞馬遜生鮮（Amazon Fresh）銷售生鮮食品，維持商品鮮度，亞馬遜不只興建了多種不同溫層的倉庫，還收購了高級食品超市「全食超市」（Whole Foods Market），取得它的門市網（展示商品實物和取貨據點），並取得它在銷售、管理上的技術。

亞馬遜在擴大銷售品類的過程中，會懂得思考電商平台要銷售這些商品時，究竟還有什麼不足之處，以及如何補足，進而研擬出下一階段的成長策略。所以想知道電商市場今後將如何發展，就要好好關注亞馬遜的動向。

單」的購物方式。上述這些購物程序，只要一次點擊就能完成。這項「一鍵下單」的商業模式已取得專利，更成為亞馬遜在商業交易上的一大特色。

「一鍵下單」是一套商品購買系統，針對事前已在亞馬遜網站上登錄地址、姓名和信用卡卡號的會員，只要在畫面上點一下，就完成配送前的所有訂購程序。亞馬遜率先開發出這種交易方法後，成功將消費者在網路上購買商品的手續減到了最少。

◇推薦功能與顧客評價，顧客消除選購時的疑慮

電商企業會透過蒐集使用者的購買記錄，設法鼓勵顧客再消費，或推薦購買記錄相似的其他使用者購買某些商品。他們可以運用網站上累積的數據，包括「哪些人」、「在何時」和「買了什麼」等，來預測選購某項商品的消費者，接下來可能會想找尋或購買哪些品項。亞馬遜就是根據這些設定了關聯的數據資料，定期把顧客有興趣的推薦商品介紹，寄送到顧客登錄的電子郵件信箱，鼓勵你我再下單購買其他商品。也就是說，亞馬遜採用了一套機制，先蒐集使用者的購買記錄和瀏覽履歷，再發送商品推薦信函給目標顧客或購買記錄相近者。從利用蒐集到的數據來發送郵件，到消費者在收信後的瀏覽狀況、下單購買，全都列入資料庫統一管理，以期能持續追蹤行銷成效，進而讓推薦功能更精確。這種積極運用推薦功能的做法，正是電商企業亞馬遜的強項。

除此之外，亞馬遜還有一套顧客評價機制，就是讓消費者在實際購買商品後，於網站上寫下自己對商品的印象或感想。相傳亞

馬遜是第一家在網路上導入顧客評價機制的企業。尚未實際購買商品者，只要瀏覽亞馬遜購物網站，看看根據顧客評價計算出來的星星數量或評論，就能蒐集到消費者對商品使用或購買方面的真實意見。當消費者在找尋事前無法實際觸摸的商品，或在下單前對商品還有疑慮時，顧客評價機制就會是一套能有效降低這些疑慮的工具。

選購商品時，在實體店能透過實際觸摸商品，或詢問店員來消除的諸多疑慮，電商企業亞馬遜選擇以「顧客評價」機制來克服。

◇在物流上所做的投資

直到現在，亞馬遜仍持續大力投資倉儲和物流機器人——從這件事當中，各位應該不難想像物流在電商市場上所扮演的角色有多麼吃重。亞馬遜雖然是以賣書起家，但很早就察覺到：要在電商市場做生意，對物流的投資絕不可省。尤其是在物流倉庫裡的省力化、省人化，更是做得徹底。

在網路電商的世界裡，優點是消費者只要待在家，就能搜尋商品資訊、下單訂購，但商品配送卻必須仰賴物流業者。配送速度和配送成本，對網路電商平台而言是舉足輕重的課題。

亞馬遜靠著在自有倉庫存放大量庫存，縮短了從「消費者下單」到「配送」之間的時間（前置時間）。不僅如此，它還把一般網路電商平台轉嫁給消費者負擔的配送成本，設定為「免費」——因為在電商平台購物，往往都要為了達到免運費門檻，而買下「湊免運」的商品，這讓消費者覺得很有負擔。

說穿了，其實在電商這一行，商流和物流是分開的，因此商品配送到顧客家中的這一段物流成本，才是課題所在。你我在亞馬遜訂購的商品，在物流倉庫內經過揀貨、包裝、貼標、依配送地點分類、出貨的處理流程後，再配送到我們手中。這當中本來需要進行多項作業，但因為亞馬遜自己有倉庫，並將這些作業全都加以自動化，極力排除人力作業所造成的人為因素影響，成功做到了高效率、低成本的物流。亞馬遜在自動化方面所做的投資，讓他們在訂單增加的旺季，成本不會為了確保人手而提高，具有壓縮成本的效果。如圖8-3所示，在亞馬遜的商品出貨流程中，只有從「出庫後」到「顧客家戶」的這一段配送是委外處理，其他物流業務都是在自家倉庫內進行，所以才能落實做到倉庫內各項業務的省力化。至於物流業務的效率化，不僅是為了因應亞馬遜使用者增加所帶動的出貨量成長，也是在和外包的配送業者協商調降配送費用單價時的利器。

附帶一提，「免運費」政策的背後，其實有著亞馬遜投資物流倉庫，並透過自動化、省力化來提升效率與貨物處理量的諸多努力。此外，亞馬遜的收益來源，並不只有物品的銷售，它還有亞馬遜雲端平台（Amazon Web Services，簡稱AWS）這項透過雲端為客戶提供必要服務的商品，持續創造獲利，而這也是用來貼補配送成本的經費來源之一。

【圖 8-3　翻譯待補】

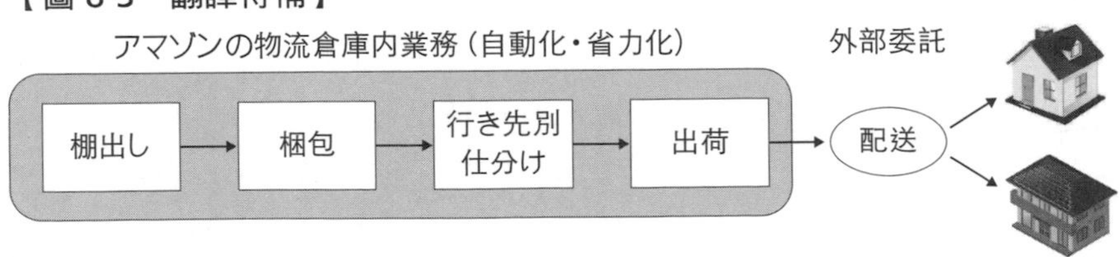

3. 網路科技帶來全新業態問世與商業交易

亞馬遜所代表的這些電商企業，其成長大大地影響了我們消費者的購物行為。此外，對於設有實體門市的零售業者而言，目前可說是已經進入了專業電商平台業者不容忽視的時代。網路科技的發展，催生了新業態的問世，而它們又是如何改變了既有的商業交易模式呢？

◇網路上的資訊搜尋與消費者的購買行為

以往，零售業者作為商品的賣家，會透過派發傳單，或擴大賣場面積以充實銷售品項等方式，來撩撥消費者的來店動機，讓消費者願意選擇光顧自家門市。消費者則會根據自己對這些商家的印象，進行購物通路選擇，並上門購物。然而，網際網路的普及，催生出以「消費者會事先搜尋相關資訊」為前提的通路選擇，以及「線上完成型」的購物行為。消費者蒐集到的資訊，有越來越多是來自社群網站（臉書或推特）或使用者評比（顧客評價）等口碑資訊。

此外，到實體門市實際觸摸商品或試穿，下單則是在網路上比價過後再決定——也就是「展示間」（Showrooming）現象的購物行為，也已經在市場上出現（請參考表8-2）。網路把消費者探索商品的世界，全都集中到了手機裝置上，並優化了資訊尋求的品質。

【表 8-2　消費者在網路與實體門市上的資訊尋求及購物行為】

		電商平台	實體門市
購買	實體門市	先上網查詢，再到門市購買	門市完成
	網路	線上完成	先在門市調查，再上網購買 （展示間現象）

◇網路購物如何改變商業交易

電商問世之後，解決了實體門市無可避免的地理、時間限制，以及對賣方有利的資訊不對稱。在實體門市銷售商品，總會受到「商圈」這個地理上的限制，位在商圈內的零售商家之間還會大打攬客戰。換個角度來說，那些不在商圈裡的零售商家，根本就不會被列為競爭對手。而在電商市場上，所有零售業者都可能成為競爭對手，賣家所在地根本不是問題。況且在網路上能輕易針對特定商品比價，所以賣方的信譽、風評，以及詳細公開商品資訊，成了消費者決定向誰購買的關鍵。而電商既然沒有空間限制，就有機會把全國的消費者都吸納成自家顧客，但相對的，賣方的競爭態勢也是全國等級，甚至有時還是全球等級的規模。在商品銷售的世界裡，唯有能祭出更低的價格，才能贏得消費者的青睞，並在市場上生存下來。如前所述，亞馬遜有一大半的獲利要拿去貼補折扣活動或免運費，而這也是因為電商業界的競爭特性所致。

況且，電商市場還破除了傳統通路對消費者的購物時間限制。實體門市會受到營業時間的限制；相對的，網路電商則可以全年無休的營業。（只要連上網路）消費者隨時隨地都能搜尋資料、確認庫存。

一般而言，網路電商企業的庫存量，會比那些有實體門市的零售業多出一大截。這些電商平台能儲放如此豐富的庫存，原因在於它們利用大型倉庫來當作庫存空間，且未採用「短期內出清完畢」的銷售策略所致。網路電商企業的庫存，可以連銷量少的商品都不放過，又能花時間慢慢銷售。這些特質，讓亞馬遜得以造就出「全球最豐富的品項規模」（earth's biggest selection）。

最後想再談談在電商購物時的商品交付與物流。網路的普及，讓消費者可以不必跑到實體門市，也能輕鬆瀏覽商品、蒐集資訊或比價。可是，如果是在實體門市消費，在購買的同時就能拿到商品；在電商平台購買，則需要在下單到收貨的過程中，花上一些配送成本與時間。換言之，網路購物的商流、資訊流和資金流，是以電商空間為樞紐，但消費者要領取商品，還是必須仰賴物流。承擔商品配送大任的物流功能，為什麼會是網路電商平台擬訂成長策略時不可或缺的要角，原因就在這裡。例如經營走走城（ZOZOTOWN）平台的 y 。走走股份有限公司（ZOZO, Inc.，前身是Start Today股份有限公司）旗下就擁有自己的物流倉庫，在走走城開店的商家，會把部分服飾商品寄放在這些倉庫，以「寄賣」的方式銷售，走走公司再依銷售額高低收取委託手續費，事業蒸蒸日上。這些存放在倉庫裡保管的商品，除了部分特定品項之外，都不是買斷，因此走走公司不必承擔庫存風險。商品從保管到包裝，手續皆由走走公司自行處理，再委請外部物流業者配送。等於是商流和部分物流由走走公司負擔，只把最後的配送工作交給物流業者。

前面談過的網路電商平台與實體門市交易模式，謹匯整如表8-3。

【表 8-3　網路電商平台與實體門市的交易模式】

	實體門市	網路電商平台
品項搭配	受門市面積限制	全球最豐富的品項規模
展示方法	展示實物	數位照片
時間	營業時間內	全年無休
商圈（空間）	在地市場	全球（跨境電商）
庫存	僅限暢銷商品（會缺貨）	長尾（銷售額低的商品也備庫存）
比價	受到消費者的行動範圍限制	較容易
促銷推廣	傳單、集點卡等	推薦、顧客評價
商品交付	購買時	仰賴物流

◇網路科技創造欲望與全新業態問世

網路的問世，以及網路科技的進步，讓消費者更容易在購買商品前搜尋相關資訊。而網路電商業者則是將消費者的商品購買、瀏覽記錄，都以數據形式積存下來，再發電子郵件宣傳相關商品，以刺激消費者的下一波消費需求。從消費者的角度來看，網路空間是消費者發現欲望的場域；而從賣方——也就是電商業者的角度而言，網路空間是消費者創造欲望的場域。網路電商業者不單只是在網路上匯整商流、資訊流和資金流，還提供一些方案，讓消費者享受資訊尋求、商品比較的樂趣，為消費者創造發現未知商品或欲望的契機。消費者在實體門市所享受到的購物樂趣，來自於實物展示與店內氣氛；而在電商平台購物的樂趣，則是因為消費者尋求商品資訊或比價，所帶來的新發現。消費者所獲得的資訊，不只是零售業者發佈的資訊，還有使用過該項商品的消費者所給的評價。我們在第6章也談過，新業態的誕生，其實是以「新業態技術集合體」的形式出現。而網路電商業者就是透過網路科技，解決了實體門市在時空上所受的限制與資訊不對稱的問題，讓電商平台成為一個提供挖寶式購物樂趣的場域，消費者可以在此尋求、比較包括網路口碑在內的各式商品資訊，新業態便應運而生。

如上所述，方便好用的網路電商，早已深入了你我的生活。然而，它在物流面上，也製造了嚴重的社會問題。近年來，網路電商的快速崛起，導致承攬配送的物流業者貨物量大增，衍生出司機無法在上班時間內配送完畢的狀況，而宅配司機的血汗工作量，更發展成了社會問題。我們必須體認一件事：「網路電商」這個新業態的成長，背後其實仰賴著物流的支撐。

4. 結語

網際網路的普及，和智慧型手機的使用者增加，壯大了電商的市場規模。在本章當中，我們透過亞馬遜的案例，探討了在網路科技帶動的資訊流創新、商流與物流分離、消費者的資訊尋求，以及網路電商業者的成長等各個面向都不可或缺的要角——物流。網路科技撐起了網路電商平台上的交易，而這些交易，和在實體門市裡的買賣，究竟有什麼不同？消費者透過智慧型手機，享受搜尋、比較資訊的樂趣，同時又在網路空間裡發現自己的欲望；網路電商業者則是把電商市場當作催生欲望的平台。「網路電商」這個新業態，就這樣以「新技術集合體」之姿問世，不斷地為人們催生出新的欲望。

其實在電商市場當中，不只有本章所探討的B2C迅速竄起，雅虎拍賣和Mercari等C2C市場上，也有新業態正如火如荼地飛快成長（請參照專欄8-1）。網路科技已是你我生活空間中的一部分，而電商則為我們打造了一個隨時隨地都能買賣交易的環境。未來還會有更多推動資訊流創新的網路科技問世，網路電商也會因此而更進化。我們從商流、物流、資訊流和資金流——也就是從流通理論的觀點，檢視過網路電商之後，各位對於這個業態的新穎之處，以及它當前所面對的課題為何，必定能有一番更深入的理解。

？動動腦

1. 你上網買東西的機會，是不是越來越多了？覺得自己越來越常上網購物的人，請想一想是上網購買哪些商品的機會增加；不覺得自己越來越常上網購物的人，請想一想自己為什麼不願意在電商平台買東西？。
2. 請列舉出你常在電商平台購買的商品，以及平常只會在實體門市購買的商品，並想一想它們在商品特性上有什麼不同？
3. 電商市場的擴大，對實體門市會造成什麼影響？在思考這個問題時，別只考慮「網路電商搶走實體門市顧客」的面向，也請想想兩者是否有共存的可能？

參考文獻

梅田望夫《網路巨變元年：你必須參與的大未來》先覺出版，2006年

角井亮一《物流致勝：亞馬遜、沃爾瑪、樂天商城到日本7-ELEVEn，靠物流強搶市場，決勝最後一哩路》商業周刊，2017年

布萊德．史東《貝佐斯傳：從電商之王到物聯網中樞，亞馬遜成功的關鍵》（The Everything Store: Jeff Bezos and the Age of Amazon），天下文化，2016年

進階閱讀

田中道昭《亞馬遜2022：貝佐斯征服全球的策略藍圖》商周出版，2018年

安卓亞斯・韋斯岸（Andreas Weigend）《亞馬遜經濟學：數據科學這樣想》（Data for the People: How to Make Our Post-Privacy Economy Work for You）文藝春秋，2017年

第 9 章

支撐零售的批發

1. 前言

各位曾經見過批發業者嗎？知道批發業者都在做什麼事嗎？恐怕多數人都很難不假思索地具體說出哪些企業是批發商，而它們又是在從事什麼樣的業務吧？批發業者有時又被稱為盤商，一般大眾對他們的印象，多半是「和商家、企業做生意，價錢應該比較便宜」。相較之下，一提到零售業者，大家就能馬上想像得到。舉凡7-Eleven、永旺、山田電機、大丸百貨、松本清等，都是許多日本消費者耳熟能詳，也實際上門光顧過的零售通路。本章要介紹的，就是通常比較不如零售商那麼容易想像的批發商。

首先我們要來想一想：批發業者在做什麼事？他們扮演了什麼樣的角色？為什麼需要他們這樣的角色？批發業和零售業一樣，也分為好幾種不同的類型。這裡我們會特別聚焦在「支撐零售運作」的觀點，為各位進行解說。

2. 介於生產與消費之間的批發商定位

讓我們先來概略地認識一下批發業和批發業者。通常，批發業者和消費者的距離比較遠。這裡所謂的「遠」，指的是什麼意思呢？整體而言，它指的是物理上，以及認知上接觸較少的意思。

物理上的「遠」，意味著對終端消費者而言，幾乎不太有機會去找批發業者買東西（圖9-1）。消費者會直接上門消費的，是零售通路。銷售商品給消費者的零售通路，都位在鄰近消費生活場域的地方，在日常生活中與消費者接觸的機會很多。而批發業者則是以和企業法人往來的交易（B2B交易）為主，不見得一定要開在鄰近終端消費者的地方，設在有生意往來的商家附近，有時反而還更方便。那麼，對批發商而言，有生意往來的對象究竟是誰？他們的銷售對象，是零售業者或其他批發商，而採購管道則有製造商等。正因為批發商有這兩種生意往來對象，所以有些批發業者盡可能設在零售通路附近，被稱為「消費地批發商」；有些則開在生產者附近，就是所謂的「產地批發商」；而串聯這兩者，位處樞紐地位的，則是所謂的「集散地批發商」。批發業者在零售商背後佔有一席之地，更在流通部門當中存在，並化為多個階層。

【圖 9-1　介於生產與消費之間的流通】

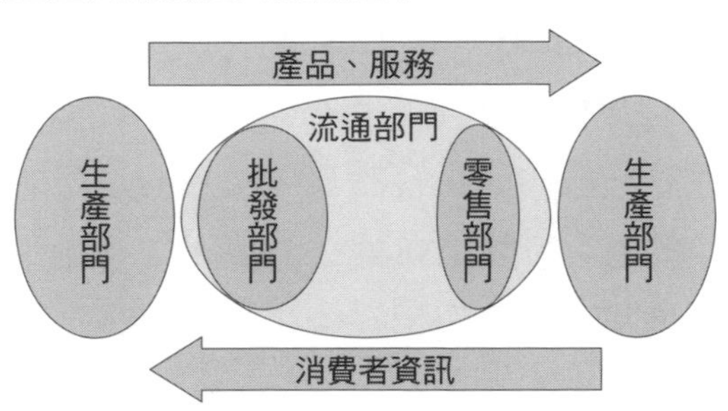

而在「認知上的接觸較少」這一點，各位只要想想自己平常購買產品時的光景，應該就很能心領神會。舉例來說，當我們想購買國外的產品或服務時，各位會怎麼做呢？恐怕不會（或很少）有人專程跑到當地去買。如果附近的零售通路有賣，我們就會到那裡去買——這樣就已經能充分滿足我們的需求。至於商家是從什麼途徑採購到這個品項，我們其實不太感興趣，尤其當這項產品是知名品牌商品或全國性品牌（NB）時，更是如此。對於終端消費者而言，在哪裡取貨最方便，或什麼樣的產品、服務更能讓自己滿意，比起產品經過哪些配銷通路來得重要許多。因此，直接交付產品給消費者的零售商，它的立地條件與門市服務才會這麼重要。對消費者而言，在批發領域投入比零售更多的關注，似乎並沒有太多必要。

綜合這些因素，一般消費者接觸批發商的機會，遠不如接觸零售業者的機會多。況且批發商的門市並不多，大眾看不到它們在哪裡，於是批發業者不管在物理上或認知上，都處在一個距離消費者很遠的位置，消費者也很難勾勒出對它們的印象。

關於批發商的實際發展狀況，我們其實可以說在最近20年來，批發業者和他們的銷售額等，都是處於衰退的局面，而且社會上長期都在鼓吹「盤商無用論」和「剔除批發論」。不過，我們從圖9-2當中可以看出，即使是在這樣的環境下，日本全國還是有約22萬家批發商存在。這個數字，是來自於經2次加工後的「配銷通路別統計篇」，而不是一般的商業統計表（常見的是總括表。若根據這份資料，2014年的營業所數是38萬2,354處）。會選用這份資料的數據，是因為它特地選出了實際還在營運的批發商，再重新統計。相

【圖 9-2　批發業年銷售額、營業所數量與員工人數推移】

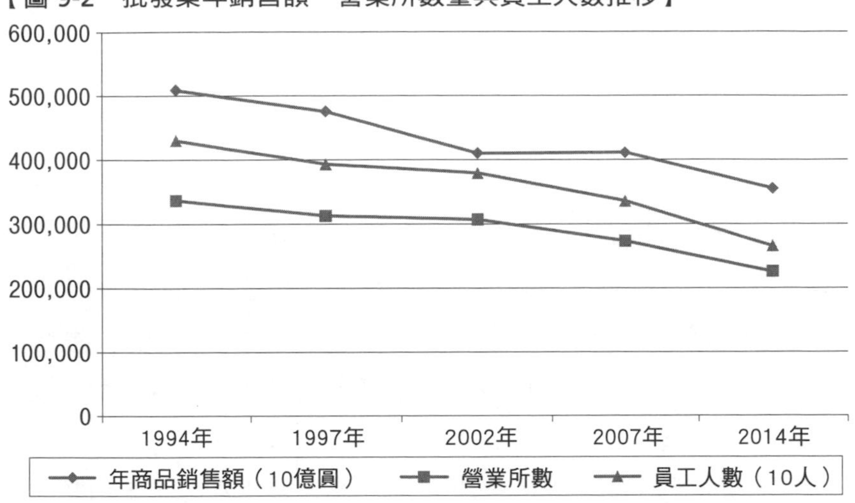

資料來源：《商業統計表 配銷通路別統計篇》各年度

較於大眾對批發商的認知度，以及它在幾份數據資料當中所呈現的衰退趨勢，其實批發業者的存在地位，不見得真的那麼無足輕重。究竟為什麼「批發業」這個讓終端消費者幾乎毫不在意的角色，迄今仍能存在？雖說處於衰退局面，但為什麼迄今仍有那麼多商品要透過批發商，再送到終端消費者手上？就讓我們再更進一步來想一想。

3. 批發的功能

我們已經知道批發商處於你我平常比較難想像的位置，但它們其實也是流通過程中不可或缺的要角。因此，這裡就讓我們來想一想：批發商到底具備了哪些功能？

就生產的特性而言，每種產品都需要不同的專業，要同時生產多樣、多種產品的難度很高（集中生產同一種產品的效率較佳）。因此，多數生產者都會選擇生產單一產品，還會遷就「生產需要」，在空間上分散設置於各地，不必因為受空間限制，而開設在消費地附近。

零售業則和生產不同，需求多樣，還要順應那些不知何時會發生的消費行為，所以必須常備多項產品。不過由於消費者的購買力有限，零售業者通常會選擇以相對「廣而淺」或「窄而深」的品項搭配來因應。再加上消費者的購物行為會圖求方便，因此零售商需要設置在鄰近消費者的區域。換言之，零售業者的品項安排或立地選擇，都是根據「消費需要」。

製造商「依生產需要」而行動，零售商則是「依消費需要」而行動。至於批發業者，則是介於這兩種不同特質的業者之間，為不易直接連結的生產與零售，扮演穿針引線的角色。批發業者所扮演的各種角色，謹整理如表9-1。

舉例來說，綜合商社就是最典型的批發商。它們銷售的品項範圍很廣，甚至還曾被挖苦說是「從泡麵到飛彈都能賣」。這些被稱為是「綜合商社」或「專門商社」的批發商，會跑遍世界各地，去採購消費者想要的產品。它們強大的資訊蒐集能力，據說比日本政府設在全球各國的大使館或領事館還驚人。換言之，批發業者用最有效率、最有效益的方式，落實做到了表9-1這張功能表上所列出的各項任務。

【表 9-1　批發功能列表】

商品搭配調度功能（供需調節功能）	為了讓追求 [大量生產」的生產者，和走「少量多品項銷售」路線的零售商順利配對，批發商會進行商品搭配調度（備齊、分類、集散、分配）。
資訊傳遞功能	整理並整合生產、消費及零售部門之間的資訊，並使這些資訊的傳達更順暢。
	負責承擔因產品滯銷或帳款回收所生之風險，也就是為產品採購與銷售之間的時間差做擔保。
風險承擔功能	進行產品的保管、庫存、包裝、流通加工與配送。
物流功能	為使生產或採購得以順利展開，批發商提供生產者或零售商資金融通等協助。
金融功能	針對以上五項功能，推動專為零售業設計的各項活動與系統建置，以期能對個別零售商的經營活動有所助益。
零售支援功能	阪急百貨店

然而，近年來出現了一些專業流通業者，只專攻上述這些功能當中的某幾項，使得以往由批發商負責承擔的各項流通功能，逐漸被其他流通業者所取代——首先是雅瑪多運輸、佐川急便和倉儲公司等物流業者。這些業者投入市場後，使得批發商在物流功能上的發揮空間變少了。其次是信用卡公司和各類金融機構的發展，使得批發商的風險承擔功能和金融功能也被取代。再者是通訊技術的創新發展與環境建置，使得資訊專業廠商得以在這個IoT（Internet of

專欄9-1

中世冒險家與幕末志士的商人角色

達伽瑪（Vasco da gama）、哥倫布（Cristoforo Colombo）和麥哲倫（Ferdinand Magellan），都是跑遍世界各地、到處探訪的冒險家。哥倫布於一九四二年發現了美洲大陸，達伽瑪則於一四九八年發現經非洲好望角抵達印度的航線，麥哲倫則是為了發現往西繞行印度的航線，而經南美來到太平洋，儘管他本人於一五二一年亡故，但他的船隊持續航行，並於一五二二年完成了繞行世界一周的創舉。他們都是以世界為舞台的大冒險家，冒著生命危險，找尋新航線和新天地。

然而，這些冒險都需要王室、貴族，以及貿易商會等贊助者的金援。因此這些冒險家還有一項任務，就是要為贊助者走遍世界，找到辛香料和香料的產地，或探尋絲織品、砂糖和葡萄酒的買賣對象。此外，這些冒險家其實不只是為了贊助者而冒險，他們自己也當商人作起了生意，四處採購產品或商品，再到各地銷售。這或許還稱不上是一攫千金，但他們冒著極大的風險，就是為了要賺取豐厚的利潤。若從這一點來看，他們其實算是一種新創企業。

坂本龍馬堪稱是一位日本的幕末志士。一八六五年（慶應元年）時，他在薩摩藩的協助下，於長崎成立了龜山社中。這個龜山社中，從事搬運物資的貨運業、貿易仲介、船運和槍枝斡旋等業務，說起來算是日本貿易商社的嚆始。當年，坂本龍馬靠著金錢利益，串聯原本彼此對立的兩個藩——薩摩和長州，更在一八六六年時，為薩長同盟奠定了基礎。後來，多虧土佐藩的後藤象二郎大力奔走，龜山社中成為土佐藩旗下的商社，同時也轉型為海軍人才培訓機構——海援隊。它儼然已經具備了近似現代「股份有限公司」的組織型態，是從事類似貿易公司業務的組織。日本在面臨重大政治轉捩點之際，背後其實還有這些類似商人活動的組織性發展。不論是在歐洲或日本，商人的活動發展，不僅影響了經濟層面，甚至還是撼動整個社會、國家的根本因素，相當耐人尋味。

Things ：透過萬物連網來創造新的價值）已成家常便飯的現代社會，取代在資訊傳遞功能上居於劣勢的批發商。

那麼，批發商究竟發揮了什麼樣的功能，才讓它們迄今仍得以在流通階層中佔有一席之地呢？答案是因為它們能將自家銷售的產品，化為對個別零售商有益的、能創造價值的商品，再提供給客戶。這就是所謂的「零售支援功能」。「零售支援功能」一如字面所示，是由批發商扮演協助零售商的角色，深入為零售商執行表9-1所呈現的前5項功能，甚至還能向零售業者承諾（積極介入）提供經營輔導。批發商透過這些措施來推升零售業者的業績，但最終目的還是為了拉抬自己的業績。在現代社會當中，要因應日趨多樣、複雜的消費者需求，實在很不容易。處於這樣的流通環境下，負責製造產品的生產者，固然需要協助，但支持零售業者——尤其是那些中小、微型的零售商，已成為批發商的必須推動的任務主軸。

4. 批發流通的多階層化與功能替代

這裡要請各位特別留意一個重點：就算是把「批發商」這個制度化的組織從流通階層中剔除，也排除不了「批發功能」（角色）。因此，聚焦在「批發流通功能」上，來思考「批發流通」這個議題，應該會是一個有益的觀點。聚焦這個功能時，我們就可以說：在批發流通階段當中，各個組織之間因為專業分工，而出現了功能替代的情況——也就是說，有人因為取代了原本由其他人所扮演的角色，而出現在配銷通路當中。這些取而代之者，不論是在費用也好，品項搭配也罷，只要是在功能發揮程度上有顯著差異並居於優勢，就能取代老面孔。

出現功能替代的現象時，新加入配銷通路，負責承攬部分流通功能的組織，就會在垂直配銷通路系統中形成新的階層，於是流通又趨於多階層化。此時，如圖9-1所示，「將商品、服務送到消費者手上」的流通，除了零售業的部分之外，全都屬於批發流通，因此批發流通便發展成了多重階層。

批發流通部門裡，有向生產採購產品，賣給批發商或零售商的一次批發商；也有向批發商採購商品，再賣給批發商的中間批發；還有向批發商採購商品，再賣給零售商的最終批發。它們扮演的角色，包括了位在產地附近，負責匯集產品的產地批發，和位在產地和消費地之間，負責轉運產品的集散地批發，還有位在消費地附近，負責進行產品分類的消費地批發，各自發揮不同的功能。這些功能分化、整合的過程，就是功能替代的過程，功能本身並不會消失。因此，充分發揮完整功能的批發商，就不會被剔除。謹將上述批發商的分類，整理如表9-2。

專欄9-2

江戶時代的商人就是盤商

商人在「水戶黃門」或「將軍吉宗」等時代劇或電視連續劇當中都曾出現。地方上有黑心代官[19]欺壓努力過活的百姓、農民，而這些商人總是勾結黑心代官，壓榨市井小民。戲劇中固然也會出現一些樂善好施的商人，但更常看到無良商人與迫害百姓的黑心代官勾結，似乎已成了一種固定橋段。江戶時代雖然仍有「士農工商」的身分階級制度，但商人會這麼威風，是因為他們的資金實力非常雄厚。德川幕府的根據地就位在江戶，許多資訊和物資的匯集於此，居住的人口數也相當可觀。此外，當時還有所謂的參勤交代[20]制度，因此江戶不時都有許多武士逗留，形成一大消費市場。在這樣的背景之下，人力、物力、財力和資訊等經營資源集中於少數商家，催生出了「大店」、「豪商」等商人。電視上播的那些時代劇裡，總會有些生意作得有聲有色的商人出現，例如油品批發的〇〇屋、米糧批發的〇〇屋、做船運的〇〇屋，還有開錢莊的〇〇屋等，這些商家都是盤商或批發商。

那麼零售商的狀況又是如何呢？如今已納入三越伊勢丹控股旗下的三越伊勢丹百貨，其前身是三越百貨店，而再往前追溯，更早的三井越後吳服店等祖業，就是當年權傾一時的商人。然而，它們都只不過是商家當中的一小部分，江戶時期的零售商，多數還是挑著扁擔，在長屋[21]沿街行商兜售的微型商家為主，也就是所謂的「棒手振」（boutefuri）。這些小商人不僅向盤商、批發商採購產品，還要請他們出借資金、代承風險，生意才能繼續做下去。因此，批發商堪稱是宰制當時配銷通路的要角。現代有便利商店和綜合超市等大型零售通路在市場上呼風喚雨，但在遙遠的江戶時代，批發商才是在流通結構中喊水結凍的通路領袖。

第 9 章

19 江戶時代的地方父母官，奉幕府之命管理領地。

20 當時各領地的藩主稱為「大名」。這些大名的生活以兩年為單位，一年和家人住在江戶，第二年就要單身回領地生活，如此反覆循環，就是所謂的參勤交代。每次參勤交代都會有大批隨扈、奴僕等同行，需動用大筆旅費。

21 一至兩層樓的木造連棟集合住宅。

【表 9-2　批發商類型：依配銷通路階層分類】

<table>
<tr><th></th><th></th><th colspan="3">銷售對象</th></tr>
<tr><th></th><th></th><th>生產者、營業用
使用者、國外</th><th>零售</th><th>批發</th></tr>
<tr><td rowspan="4">採購對象</td><td rowspan="3">生產者、
國外</td><td>與其他部門
直接交易批發</td><td>零售直接
交易批發</td><td rowspan="2">源頭批發商
（產地批發商）</td></tr>
<tr><td colspan="2">直接交易批發商
（與其他部門直接交易批發＋零售
直接交易批發）</td></tr>
<tr><td colspan="3">一次批發商（直接交易批發 + 源頭批發）</td></tr>
<tr><td>批發</td><td>—</td><td>最終批發商
（消費地批發）</td><td>中間批發商
（集散地批發）</td></tr>
</table>

資料來源：根據鈴木安昭、田村正紀（1980）《商業論》有斐閣，第196-199頁，補充部分內容後編製

5. 支撐零售的批發商「Cosmos Berry's」

這裡我們要以Cosmos Berry's股份有限公司為例（以下簡稱「CB公司」），聚焦探討批發流通功能——尤其是當中的零售支援功能，並思考功能分化、替代與流通階層形成。CB公司的總公司位在名古屋市名東區，並以家電產品的自願加盟連鎖(Voluntary Chain，以下簡稱VC)來扮演總部的角色。它的歷史，可以追溯至一九七一年成立的豐榮家電股份有限公司。早在草創之初就匯集了大型家電製造商的系列門市，並為了共同採購而籌組了VC（豐榮家電FVC）。CB公司就以此為基礎，於二〇〇五年成立。當時山田電機也有出資，出資比例佔了資本額的51%；到了二〇〇八年時，出資比例更提高到100%，現已完全納入山田電機麾下，成為它的子公司。換言之，CB公司在組織管理上，是由零售業者主導的VC組織；而這個VC組織的形態，則是總部企業。基本上，它的定位是介於連鎖加盟（FC）與VC之間，甚至還超越了傳統VC，發展成一種堪稱「綜合VC」的新型連鎖企業（圖9-3）。

【圖 9-3　Cosmos Berry's 追求的新式綜合 VC】

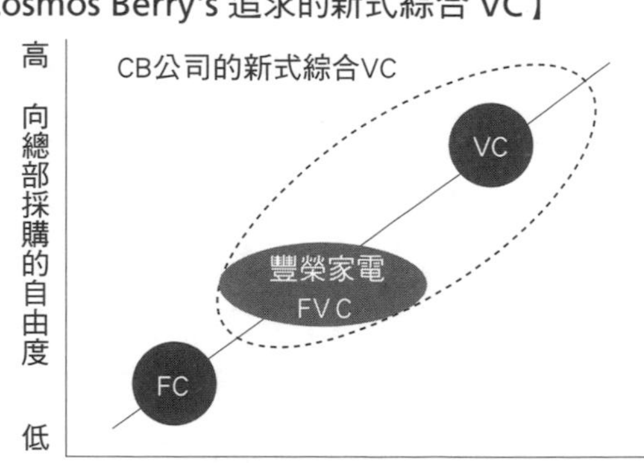

資料來源：作者參考Cosmos Berry's（股）內部資料與實際訪談，補充修改內容後編製

如圖9-3所示，對加盟店而言，向CB公司總部進貨與否的自由度高，又可確保必要的商品搭配。這樣操作之下的結果，是總部容許加盟店可以為終端消費者做適性化調整。CB公司就這樣挾著強大的商品搭配能力，扮演起表9-2當中的直接交易批發商、一次批發商和最終批發商的角色，供應商品給零售業者——也就是CB的加盟店。

CB公司還運用VC原有的特色與優勢，協助加盟店提高生產力。它是以「確保加盟店在採購上的基本自由度，並推動個別加盟店在門市營運上的適性化調整」為基礎，所推動的一套機制，並透過①付定額顧問費（每月1萬日圓）即提供服務②不論採購量多寡，皆統一採出廠價③傳單和促銷服務依受益者付費原則辦理④使用山田電機現有軟硬體基礎（以山田電機門市作為展示間、庫存直接買回、配送與工程等之使用）⑤銷售應對業務資訊化⑥在加盟店專屬社群平台交換資訊等6大特點，落實推動。

其中最有特色的一點，就是加盟店可以和顧客一起到最近的山田電機門市，在賣場檢視展示商品、進行產品說明。如此一來，加盟店這些零售商，就可以把山田電機的門市當作展示間來運用，既不必囤積大量庫存，還能請門市直接將商品配送給終端消費者。

此外，CB公司還會提供像是照片9-1這樣的各式促銷工具，給各加盟店使用。這是扮演「採購總部」角色的CB公司總部發揮零售支援功能，創造「規模經濟」的效益，讓加盟店可以低成本執行的一項措施。原本在二〇〇五年時，CB公司的加盟店和總店數都還只有121家，後來他們運用上述這些特點，到了二〇一七年時，加盟店已有3,687家，總店數更是大幅成長到10,833家。CB公司廣納有

【照片 9-1　用來支援加盟店的促銷傳單】

資料來源：Cosmos Berry's股份有限公司

著各種不同需求的加盟店，不斷增加成員數量（圖9-4）。甚至到了近幾年，加盟店的勢力版圖還擴及到了日本全國47都道府縣，更加入了多種不同業態的加盟店。截至二〇一七年二月底，CB公司旗下除了電器行之外，現在還有燃料行、水電工程行、工程公司、裝潢行、電商、房仲、事務機、文具店、百貨公司、建材行、二手商店等，加盟店的業種數量總計多達80種。

前面我們看過了由CB公司如何在一個由零售業主導的VC當中，成為具總部功能的企業。想必各位可以明白：就配銷通路上的定位而言，CB公司仍發揮著它作為批發商該有的功能。請各位看

【圖 9-4　Cosmos Berry's（股）的加盟店數與總店數推移】

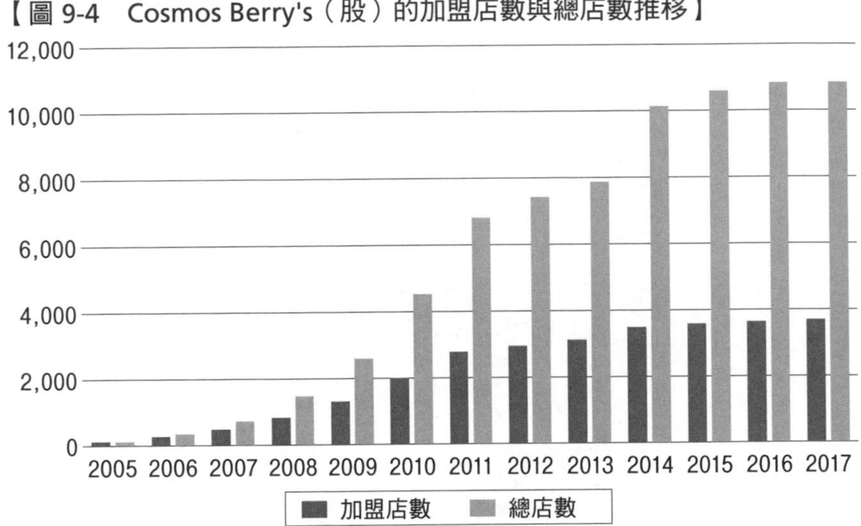

備註：「加盟店數」是指設有顧問費帳戶，且有配送窗口的企業家數。
資料來源：作者參考Cosmos Berry's（股）內部資料與實際訪談後編製

看圖9-5。CB公司本身並沒有銷售商品給終端消費者，盡職地扮演採購總部的角色，以便能支持旗下那些在某種程度上仍保有獨立性的零售加盟店。尤其它最特別的一點，就是運用「山田電機」這個大型零售通路的資源，為旗下的零售加盟店減輕負擔，還協助它們在市場上立足、成長。換言之，在流通階層當中，CB公司介於製造商和零售商之間，扮演採購總部的角色，形成一個「批發流通階層」，發揮協助零售加盟店的支援功能。意即它在前述的批發流通功能當中，特別在商品搭配、物流庫存、資訊等面向上，發揮零售支援功能，弭平了「生產方便」與「消費方便」之間的落差。在流通階層當中，CB公司藉由與山田電機、家電製造商、代理商維持交易關係，扮演一次批發商的角色，在產品匯集與商品搭配調度功能

【圖 9-5　位處流通階層中的批發商 Cosmos Berry's 及其零售支援流程】

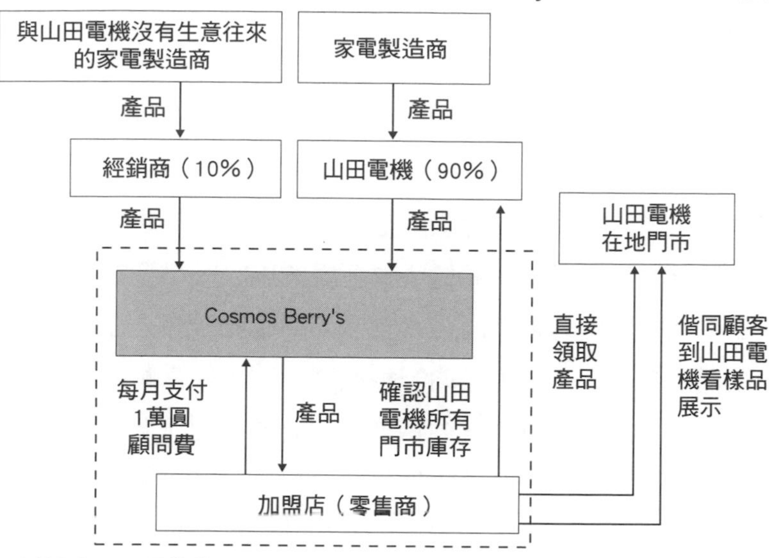

備註：虛線是指CB公司推動VC組織化的範圍。
　　　箭號則是針對產品、資訊、顧問費、顧客等發動攻勢的方向。
資料來源：作者根據《日經流通新聞》（2014年3月26日）內容，增補部分內容後編製。

上，進行功能替代；與此同時，它又對隸屬零售階層的加盟店，就產品搭配調度、庫存、運送、促銷功能等方面，發動功能替代。結果，CB公司目前輔導的，是散佈在鄉村小鎮的中小、微型規模的零售商。

6. 結語

從發揮批發功能、功能替代，以及流通階層形成的觀點來看，本章所介紹的Cosmos Berry's股份有限公司，在發揮批發功能的同時，又整合了其他配銷通路階層的功能，在定位上應該說是一種新式批發商，會比較貼切。況且這個批發商還會居於製造商和批發商之間，以輔導那些散佈在鄉村小鎮各處的中小、微型零售業者為核心業務。就大環境的趨勢而言，批發商的確處於衰退之中，但這個案例呈現了批發商未來可能的一種發展樣貌，相當耐人尋味。扮演中間流通、平台的角色，進行物理上的商品搭配調度，固然重要，今後，能在資訊匯集方面為大型零售商提供建議方案，進行適性化的支援，還能為中小、微型規模的零售商提供支援輔導的批發商，想必仍會有需求。

製造商受「生產方便」限制，零售業者則因「消費方便」而重視「迎合顧客」。批發商居於這兩者之間，忠實地扮演弭平兩者落差的角色。這些落差，有時靠的是在流通階層中進行功能分化來修補，有時則透過取代其他流通階層的企業來消弭。可是，「批發流通功能」本身——也就是供給與需求的媒合，仍有其必要，這一點是不變的。此外，在消費者需求漸趨複雜、多樣的現代，消費者的生活場景不只需要個別商品，更必須備齊各項有意義的商品和服務。零售階層想必會變得更複雜，迎合市場需求也會更趨困難。本章所介紹的這種「支援零售的批發」，需求應該會越來越高。批發商若能確保競爭優勢，發揮上述這些功能，確實扮演好中介的角色，那麼批發商能否在流通階層中繼續生存下去，答案可說是已呼之欲出。

＊本章的案例介紹內容，承蒙Cosmos Berry's股份有限公司三浦一光董事長、MSM流通研究所齊藤昭造所長鼎力協助，接受訪談並提供資料、數據，謹在此致上最深的謝意。本章內容如有謬誤，文責皆由作者自負。

動動腦

1. 批發商與零售商同屬流通業者，想一想它們有何不同？
2. 批發業在經濟社會中能扮演什麼樣的角色？想一想這些角色是否非批發業不可？
3. 自願加盟連鎖的採購本部，是否發揮了批發的功能？若答案為否，請想一想批發功能究竟是什麼？

參考文獻

今泉文男、上原征彥、菊池宏之《中間流通的動態》創風社，2010年

西村順二《批發流通動態論：中間流通的採購與銷售交易連動性》千倉書房，2009年

進階閱讀

關口壽一、三上慎太郎、寺嶋正尚（宮下正房審定）《批發如何化身先進企業：在流通中承擔新功能！》日刊工業新聞社，2008年

宮下正房《邁向批發復興的條件》商業界，2010年

第 10 章

流通結構與轉變

1. 前言

福井縣鯖江市是知名的鏡架產地。鏡架在日本全國的出貨總金額是365億4,900萬日圓，其中福井縣就佔了352億6,300萬日圓（二〇一五年），第2名是東京都，3億7,900萬日圓），市佔率（福井縣出貨金額在全國出貨總金額當中的占比）高達96.5%。不過，想必各位也不會因為這樣，就在要選購鏡架時，專程跑一趟鯖江市——因為在你我的住家附近，就買得到鯖江市生產的鏡架，況且鯖江市的鏡架業者也設有銷售自家商品直營店。

再看看其他不同的商品。各位知道日本蘿蔔產量最多的地方是哪裡嗎？答案是年收成量高達15萬5,700噸的千葉縣（二〇一六年）。然而，和鏡架出貨金額不同的是：千葉縣的蘿蔔收成量僅佔日本總量的11.4%。第2名則是北海道（14萬7,100公噸），第3名是青森縣（8萬8,700公噸），就連排名第46的大阪，也都還能採收到1,230公噸。個頭較大的蘿蔔，平均一條約1.2公斤，換算下來大概是103萬根。不過，大阪府有402萬6,609戶（截至二〇一八年）五月一日推估數字），區區這點產量，根本就不夠，但鄰近的奈良縣，年產量有3,980噸，故足供所需。蘿蔔和鏡架不同，你我住家附近生產的量，就足以支應我們的需求。可是，蘿蔔生產者（通常是農戶）自己出來賣蘿蔔的案例卻不多（要是能產地直銷，那就太讓人羨慕了）。各位如果要吃蘿蔔，應該都會到超市去買吧？

就流通理論的課題而言，我們該觀察的，是商品從產地送到你我手中的這段過程，究竟是如何串連起來的。鯖江的鏡架，是由廠商自行生產，自行配送到消費地，再自行銷售；而蘿蔔雖然在你我住家附近就能採收得到，但我們卻要到零售通路去買——這就是流通結構的差異。

所謂的流通結構，是指從生產者到消費者之間的買賣串聯方式。串聯方式的差異，會對流通的結果產生影響。本章我們就要來了解流通結構對商品流通結果會造成什麼樣的的影響。不過，這裡所謂的「對成果造成的影響」，並不是大家所熟知的「墊高零售價格」等現象。因為我們探討的流通成果，是指「提升流通服務水準」。謹介紹本章討論的內容概要如下：首先要和各位再次確認何謂流通結構，以及它有何重要之處；接著再介紹鏡架的流通，並藉此思考流通結構出現了什麼樣的變化；最後再介紹流通結構該如何評估與分析。

2. 何謂流通結構

◇流通結構

所謂的流通結構，是指從製造商（為縮減字數，此處僅以「製造商」來表示，但也可代換為產地）到零售通路之間的交易串聯方式。流通是一連串的交易，串聯方式可分為幾種不同的類型，有連續進行多次交易所組成的長串聯，也有與眾多中間商交易所組成的廣串聯（圖10-1）。圖10-1所呈現的是流通結構的概念圖，各位可把箭號想成是商品的動向。至於串聯方式，各位可以看看圖右側的流通階層。這裡呈現的，是商品從製造商製造出廠，到送抵消費者手中，所需經過的交易次數。如圖所示，製造商負責製造，尚未開始銷售，所以是第0階；第一次轉售的銷售行為，就是第1階。隨著交易次數增加，階層數也會跟著越來越多。零售通路的方框大小，是我們在不得已的情況下，用來呈現企業規模大小的方式。

從圖10-1當中，我們可以發現三大特色：一是製造商的交易數量。從圖中可以看出，有些製造商會銷售產品給許多批發商，也有些只出貨給少數批發商或零售通路。例如製造商B和三家批發商有往來，但製造商A只和一家批發商做生意。我們稱前者為「開放型商流」，後者為「選擇型商流」（不准批發商向其他製造商採購）。第二是採購對象的特色（反映在批發商的分布位置上）。批發商可分為向製造商採購（批發A到D，批發G），和向批發商採購（批發E、F、H、I）。前者稱為一次批發商，後者就是所謂的二次批發商。最後，第三項特色是零售通路很多，散佈全國各地。

【圖 10-1　流通結構概念圖】

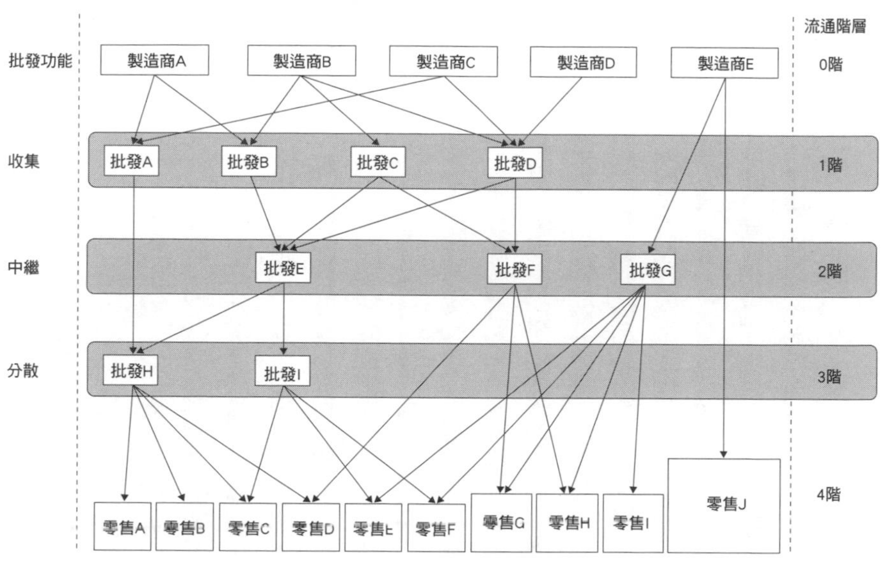

根據二〇一四年的商業統計調查指出，日本全國共有102萬4,881家零售商店。而在日本，所謂的零售商店，其實並不只有那些開在購物中心裡的大型超市（在日本稱為「大規模量販店」），還有許多規模精巧的零售商家（在日本稱為「小規模零細店[22]」）（圖10-2）。零售商家的門市數量於一九八二年時達到顛峰，約有172萬家店。從這個角度看來，零售商店的數量只能說是驟減。不過，一般所謂的「獨立商店」零售商，迄今還有41萬4,684家。消費者都希望採買的麻煩（步行距離等）越少越好，所以往往都會選擇光顧鄰近的商家。這表示零售業者的分店數量，是越多越有利。

22 約相當於我國的小規模營業人。

【圖 10-2　日本零售商家店數】

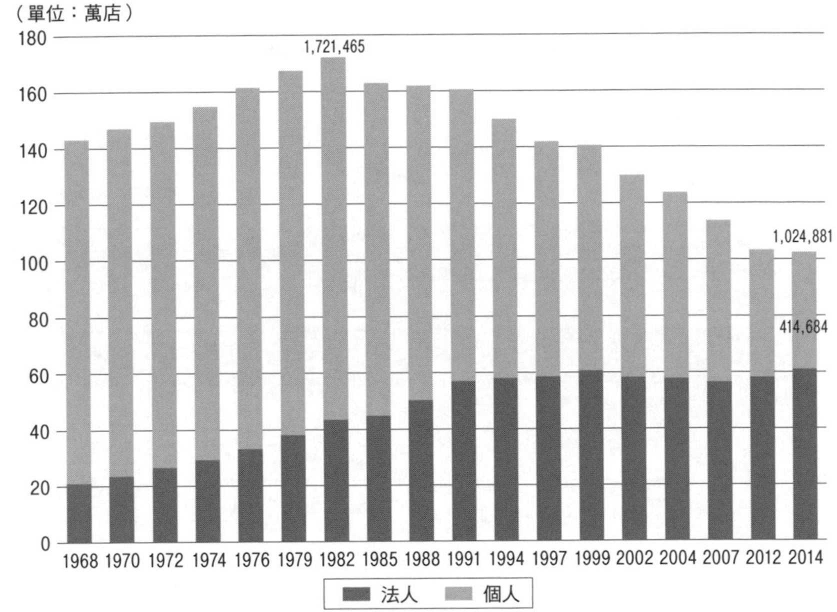

資料來源：各年度商業統計表

一般認為，早期日本的流通結構，是以小規模的微型零售業居多，流通路線既長又窄。而圖10-1的流通結構概念圖，呈現了一個事實：交易串聯（也就是流通結構）其實應該是有不同種類的。

◇流通結構的重要性

那麼，了解交易的串聯方式（流通結構）究竟有何重要之處，便是我們的下一個課題了。讓我們來想一想以下這個論述：當交易越多，售價就會層層墊高，最後消費者要付的價格（也就是零售價）就會變貴。我們把它想成如圖10-3這樣的串聯，應該就會比較容易理解。

【圖 10-3　兩種流通結構】

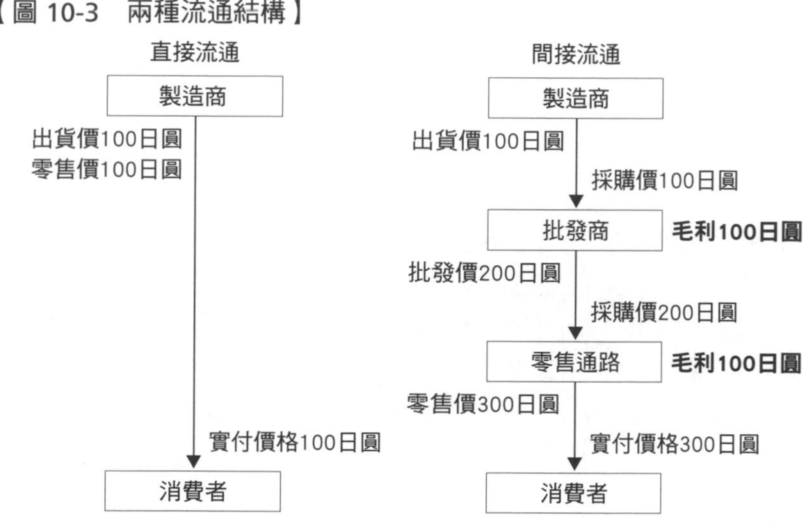

圖10-3呈現的是兩種不同的流通結構。左邊是製造商透過直接交易，與消費者串聯在一起的流通結構，在實務上幾乎不可能出現（就是所謂的「直接流通」）；右邊則是透過兩種中間商（批發、零售）的買賣，商品才送到消費者手中的流通結構（就是所謂的「間接流通」）。此時，在常見的「中間流通批判」論述當中，就會特別強調「流通結構的差異，造成了零售價的不同」。這一派的論述內容如下：

在圖10-3的兩種流通結構當中，我們先假設製造商的出貨價是100日圓。製造商只要能以100日圓出貨，便能達成營收目標，所以對於產品究竟賣給誰（左邊是賣給消費者，右邊是賣給批發商）並不在意。在左側的流通結構當中，消費者可用100日圓買到該項商品。而右側的流通結構，則是有批發商和零售商參與。在這個流通結構當中，製造商是以100日圓的價格，將商品賣給批發商（出貨

第10章

專欄10-1

建議零售價與市價

我記得這項制度導入之初，大概是在一九九〇年左右，當年還有學生問我「我搞不懂什麼叫做市價，那是什麼名堂？」因為同時間導入的，還有建議零售價。「有了這兩種價格之後，零售通路的商品價格究竟會有什麼不同？」這是學生們搞不清楚的地方。

不論是哪一套制度，店頭的商品售價都不會有任何改變。假設 32G 的 MicroSD 記憶卡是 6,300 日圓，在店頭標示的價格，不論是市價 6,300 日圓，或是建議零售價 6,300 日圓，我們要付的金額都一樣。

既然如此，那為什麼會需要市價呢？恐怕這才是學生真正想問的。這兩種價格的差異，如圖 10-4 所示。

【圖 10-4　零售通路出現的兩種價格】

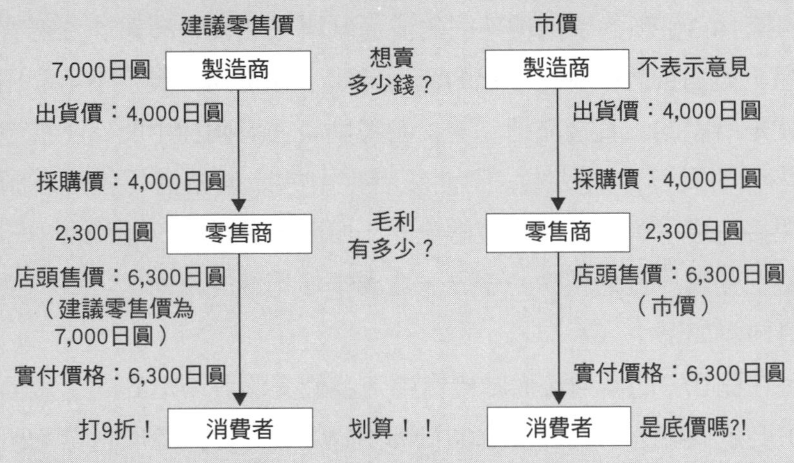

圖 10-4 畫出了商品在製造商出貨後，經零售通路流通到消費者手上的概念。不論是採用哪一種價格，製造商都是以 4,000 日圓出貨，零售通路各自再加上 2,300 日圓的毛利之後，店頭就會訂出 6,300 日圓的售價。到這裡為止，兩者的金額都一樣。

而差異現在才要開始出現。當消費者付出 6,300 日圓時，若商品上有標示建議零售價，那麼消費者就能切身感受到自己省了多少錢（這裡應該會覺得自己買到 9 折品，省了 700 日圓）。而設定為「市價」時，就不太會有這樣的比價效果。反而會覺得「這就是最底價」，甚至還可望與消費者培養出一份信任，讓消費者認為「這家店才有這種價格」。換言之，所謂的市價，看似是一種無法讓消費者知道自己佔了多少便宜的價格設定（pricing），但這才是買賣生意原本該有的樣貌。

價為100日圓）。因此，批發商的採購價就是100日圓。接著批發商以100日圓的採購價，再加上100日圓的毛利後，賣給零售商（批發價200日圓），於是零售商就會以200日圓採購商品。而零售商又會和批發商一樣，以採購價再加100日圓的毛利後賣出商品，所以零售價就是300日圓。於是在右邊的流通結構當中，消費者要付的金額就是300日圓。

若根據這一套論述來分析，則當流通結構越長，零售價就會越貴。因此省去中間流通（具體而言就是批發和零售），零售價就會降低，能替消費者省荷包——立論內容相當簡明易懂。的確，各個中間商（批發和零售）都會把採購來的商品加價賣出，否則中間商就無法獲利。這樣的想法，在邏輯上是正確的。

然而重要的是：零售價並不是這樣訂定。實務上，「零售價比建議零售價（專欄10-1）更便宜」的案例多不勝數，所以這個想法在實務上並不正確。這個事實告訴我們：流通結構與零售價並沒有關係。流通結構越長，不見得售價就一定會越高。

因此，「不同的流通結構，究竟會帶來什麼差異？」才是我們應該明白的重點。畢竟妥善設計流通結構（打造更理想的串聯），能讓商品更快送到消費者手上，提供更多商品選擇，甚至可以買到遠渡重洋而來的商品——而這才是我們要了解流通結構差異的關鍵原因。

3. 流通結構的變化

流通結構是把產品從製造商送到消費者手上的一連串交易過程。當中的要素（即參與交易的主體，在這裡指的是製造商、批發商和零售商）怎麼串聯，其實是會改變的。流通結構雖然穩定，卻不是固定的——畢竟新技術問世後，流通成本就會降低，讓原本必需的元素變成非必需。

而要改變這種穩定的流通結構，靠的是兩股力量：一是經營策略，二是生產、物流的技術創新與消費市場的狀況。

◇經營策略的變化

所謂的經營策略，就是（經營者對）企業該如何獲利的想法。市面上常見的企管教科書，會說經營策略是「企業未來的經營計劃」、「帶領企業發展的羅盤」；如果要寫得詳細一點，就會說經營策略是企業的一張設計圖，用來規劃資源使用方式，好讓企業順應環境，達成事業目的。不論如何，總之經營策略就是對「未來公司打算如何獲利」的一套想法。

本章和各位分享的個案，是鯖江市的鏡架流通。其實它就是經營策略變化的典型案例。早期鯖江市的鏡架公司，就是把自家生產的商品批發給盤商，再由盤商把產品鋪貨到零售通路去。這個時期，他們的經營策略是生產優質商品（最早將鈦金屬鏡架化為商品，獨步全球），並透過中間商，讓自家商品在市面上廣為流通。

然而，隨著國外生產的低價鏡架大舉傾銷到日本市場，平價眼鏡連鎖店在日本全國鋪天蓋地的展店，鯖江市這些鏡架公司的經營，被推入了窘境。於是他們調整了經營策略，研發自製商品，還自己賣起了這些商品。如此一來，他們的流通結構就從原本的3階，變成了1階。

◇技術創新與消費市場狀況

所謂的技術創新，就是突破既往水準，達到「天差地遠」的進步。以鐵路為例，蒸汽火車僅曾跑出最高時速202.6公里的記錄，電氣化之後，列車已可行駛到574.8公里，而磁浮列車（linear motor car）更可達到時速1,018公里（實驗數據，當時使用的是噴射引擎。截至二〇一六年四月的最佳記錄）。就鐵道列車的速度而言，確實已經達到「天差地遠」的進步，所以這些都是技術創新。

我們再以「貨輪取代貨車載運貨物」為例，來想一想物流方面的技術創新。貨車與貨輪有兩大差異：第一是貨輪可以跨海運送貨物，遠渡重洋地把商品送到我們手中；第二是一趟貨輪可運送的貨物量，比貨車更多。如此一來，平均每件貨物的配送成本就會大幅降低，市場上便開始需要一些銷售大量商品的機制。如此一來，想必流通結構就會縮短——因為大企業才有能力一口氣採購大量商品。

另一方面，讓我們再看看消費市場的狀況又是如何。所謂的「消費市場狀況」，是指消費規模、地點與時間的差異。舉例來說，若產地分散多處，或一個產地的產量較少時，要匯集到一定程度的數量再搬運，否則就會很麻煩、費工。此時，在流通結構上，可能就會出現負責收集商品的批發商，和負責將商品運送到零售通路的批發商（集散地批發）。如此一來，流通結構就會拉長。例如蔬菜類的流通，一般都是屬於這一類。而它們的流通結構，也是因為使用大型貨車配送、載運，以及冷藏倉庫問世等技術創新，才得以縮短。

流通結構會像這樣，有時拉長，有時縮短。這裡我們要用本章開頭介紹的鏡架流通為例，來思考流通結構出現變化的原因。

◇鏡架的流通

眼鏡的起源，一般認為始於13世紀末到14世紀初。儘管眾說紛紜，但其中尤以「在威尼斯的玻璃工業發展下，所開發出來的產物」這個說法最有力。而在佛羅倫斯貴族薩爾維諾 阿瑪多（Salvino d'Armato，出生年不詳，卒於一三一七年）的墓碑上，則刻有「眼鏡發明人」。至於眼鏡傳入日本，則是在西元一五〇〇年前後，據說最早是由周防山口的豪門——大內義隆進貢給天皇。

福井縣鯖江的鏡架產業，則是在一九〇五年（明治三十八年）興起（嚴格說來並不是鯖江，而是足羽郡麻市津村生野）。起初是當時兼任村議會議員的增永五左衛門，為了在冰天雪地、無法務農的冬季裡，確保民眾有工可作，便從大阪延攬了製眼鏡的師傅來訓練地方上的民眾，成了當地發展眼鏡產業的嚆矢。

鏡架是由精密零件所組成。尤其是鏡框面（front）和掛在耳朵上的鏡腳（temple），必須使用小型鉸鏈和不易鬆脫的螺絲來連接。早期鏡架都是以賽璐珞（Celluloid，一種塑膠）製成，並不耐用，所以還要在鏡架內部加入鐵絲——鯖江市研發出了這種生產技術，又組裝了一種讓鉸鏈和鏡腳合為一體的零件，可說是一路引領鏡架生產技術的發展。到了一九八〇年代，鯖江的鏡架產業又成功研發出鈦金屬的加工方法，並在沖壓成型（press）、焊鑞（焊接）和拋光打磨的技術上領業界之先，更讓鯖江的鏡架開始在全球闖出名號。

就銷售而言，以往鯖江所生產的鏡架，會出貨給在大阪堂島地區設有門市的明晶堂（橋本清三郎商店）。後來橋本清三郎商店內部陸續有人自立門戶，鏡架的銷售通路也隨之擴大。一九二一年，眼鏡批發聯誼會成立，後來又改組成眼鏡批發同意會，直到一九三〇年，才正式組成足以將業務推展到全國各地的福井縣眼鏡批發公會。一九四〇年，公會又奉政府指示，改名為福井縣眼鏡批發商業公會，持續發展（隔年由於進入經濟管制狀態，故與工業公會整併）。到了一九五四年，福井縣眼鏡專業零售商公會掛牌上路，建立了一套可輔導商家如何在店頭銷售的體系。

鯖江的鏡架產業發展到了一九七〇年時，出現了一大轉機——全球知名品牌相中了鯖江高超的技術實力，便請鯖江的廠商協助研發獨家鏡架，推動了眼鏡的時尚化。然而，發展品牌的難處，就在於必須不斷推出新款式，衍生出大量庫存（殘貨）。還有，和知名品牌合約到期後，可銷售的產品就只剩下本土品牌。到了一九九〇年代，外國產品和平價眼鏡連鎖的茁壯，更讓鯖江的鏡架產業陷入了困境。

於是波士頓俱樂部[23]（BOSTON CLUB）在一九九六年時，選擇在東京的南青山和銀座開出直營店，銷售自家品牌的產品。二〇〇三年時，鯖江市又推出產地統一品牌「The 291」（The

FUKUI），並於二〇〇八年時，在東京的青山地區開設了一家衛星商店，推廣品牌產品。鯖江的鏡架業者從此轉型為「自製自銷」的經營模式。圖10-5以概念化的方式，呈現這些鯖江鏡架業者的流通模式。大致上應可分為以下兩種流通結構：

【圖 10-5　眼鏡流通結構的轉變】

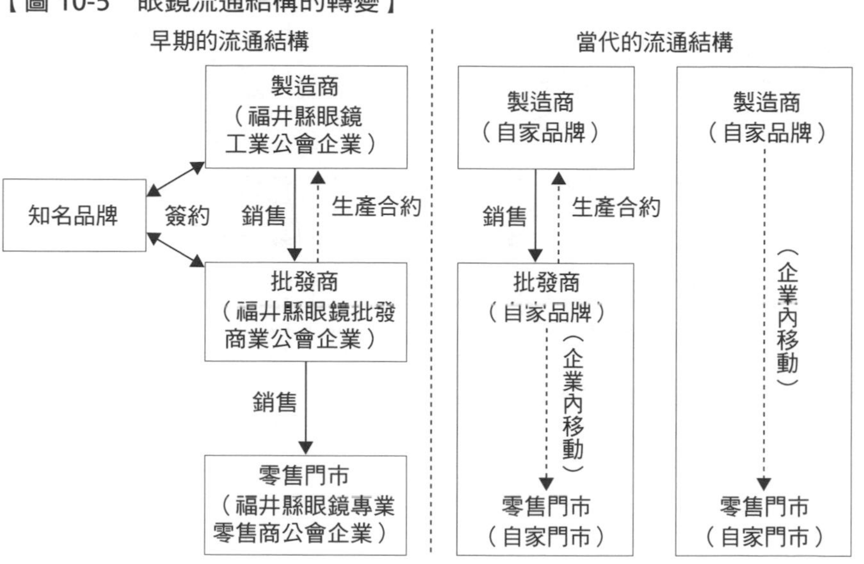

23 1984 年成立於鯖江市，本業是鏡架設計，後來也為成衣廠或眼鏡公司做鏡架代工。

4. 流通結構分析

◇如何審視流通結構

流通結構是把產品從製造商送到消費者手上的一連串交易過程。從本章所探討的個案當中，各位應該不難理解：這些交易具備某種形式，而它們的形式也決定了流通的成果。例如為知名品牌代工生產時，是透過零售通路銷售產品。這時，流通結構就會是製造商 批發商 零售通路。

而自家品牌的直營零售事業，從生產到銷售全都要由自家公司一手包辦，但哪些產品最暢銷，製造商立刻就會知道，因此可即時推出熱門款式，更可望降低滯銷風險。流通結構不同，成果當然也會有所差異。這裡我們就針對流通結構當中最核心的討論——流通結構的長短與其分析方法，來為各位介紹（專欄10-2）。

專欄10-2

流通結構的寬窄與開閉

所謂的流通結構，是以其串聯方式為特色，因此除了長、短之外，其實還另有一些判斷標準，那就是寬窄和開閉。如圖 10 – 1 所示，製造商都希望自家商品能陳列在更多零售通路，以便讓消費者經常有機會看到。有時業界就會用流通結構的寬窄和開閉，來呈現製造商對商品鋪貨管理的程度高低。也因為這樣，有人會把這一套衡量流通結構寬窄、開閉的基準，稱為「流通管理水準」或「流通政策手法」。

流通結構的寬窄

通路結構的寬或窄，是用來呈現製造商（在特定區域內）和幾家中間商進行商業交易的量尺。各位只要把它想成是和中間商（批發商或零售商）交易總次數即可。要是製造商和所有可交易的中間商有生意往來，我們就會說它的通路結構很廣。當流通結構越寬廣，製造商就越能讓自家商品廣為曝光，更有機會映入消費者眼簾。簡而言之，這代表該項商品呈現「到處都有賣」的狀態。寬廣的流通結構，我們稱之為「開放型」;交易總次數有限者，就是所謂的「選擇型」消費結構。

而狹窄的流通結構，則是指銷售自家商品的中間商（批發商或零售商）數量較少。圖 10-6 是流通結構寬窄的概念圖。通常製造商都會想在更多零售通路銷售自家商品，因此不會選擇狹窄的流通結構。不

【圖 10-6　流通結構的寬窄】

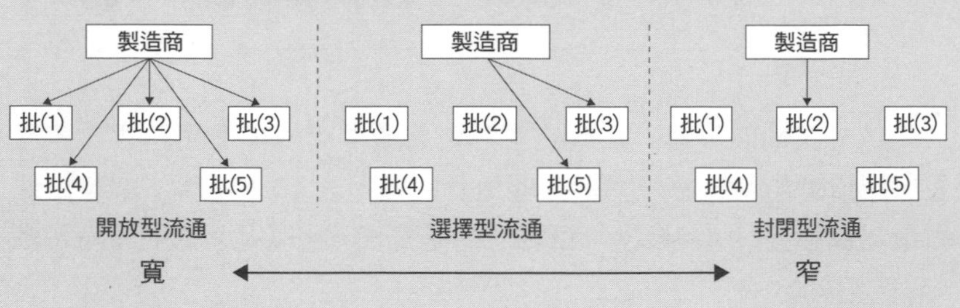

過，倘若我們和以下介紹的「流通結構的開閉」一併思考，就會發現狹窄的流通結構，有時在經營管理上是相當重要的。

流通結構的開閉

流通結構的開放或封閉，是指中間商對特定製造商的專屬程度。各位可以把它想成是製造商對銷售管理的掌控程度高低即可。「流通結構封閉」是指價格管控、銷售方式的指導以及銷售對象，都受製造商限制的狀態。換言之，在封閉式的流通結構當中，批發商只能把商品銷售給指定的零售通路。通常製造商會在想管控自家商品流通時，才選用封閉型流通結構——因為只要限定交易對象，中間商就會比較願意遵循製造商指定的做法。圖 10-7 呈現的是流通結構的開閉。從圖中不難看出：在封閉型流通結構當中，銷售對象很受限。

【圖 10-7　流通結構的開閉】

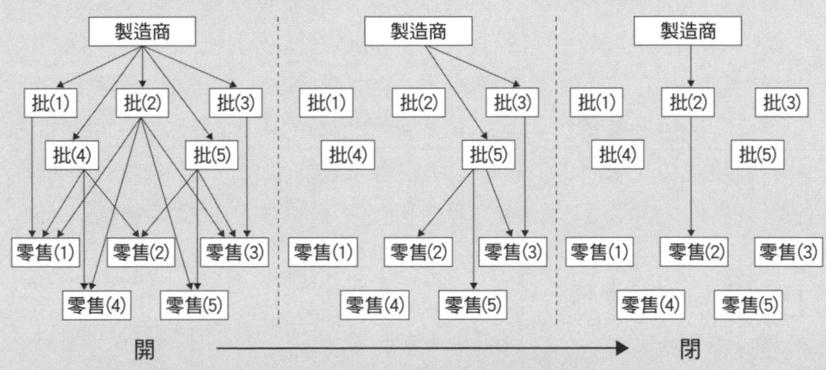

相較於其他競爭者，製造商當然希望中間商能更優先銷售自家產品，所以會想用這個標準來管理流通結構。表 10-1 呈現的就是這個概念，我們可以這樣解讀：縱軸看的是寬窄，也就是製造商在特定區

域內有交易往來的中間商數量；橫軸呈現的則是開閉，也就是中間商對製造商的專屬程度高低。而製造商的目標，就是希望能有更多中間商專屬銷售自家產品（右上部分）。

【表 2-1　日本較具代表性的百貨公司創業年份】

		中間商對製造商的專屬程度	
		開 （低，有售其它公司商品）	閉 （高，未售其它公司商品）
在特定區域有交易的中間商數量	寬（多）	競爭激烈。這不是製造商理想的位置，但往往都落在這裡。	製造商最想達成的目標，但難度相當高。
	窄（少）	對製造商相當不利，因此實際上不太可能出現。	就操作上而言較實際（排他性專屬）

資料來源：風呂勉《行銷、通路行為論：行銷通路系統特性之基礎研究》，第6-1圖，第209頁，1967年

◇流通結構的長短

這裡所謂的長短，指的是商品從製造商送到消費者手上為止，要經過的交易總次數。交易總次數（又稱為流通階層）越多，流通結構就越長。流通結構的長短，取決於批發商的數量。也就是說，所謂的「零售」是銷售商品給消費者，所以零售通路和消費者之間只會有一個階層的交易。而真正拉長流通結構的，是批發商的數量。

流通結構拉得越長，越能讓商品廣為分散——因為流通結構拉長後，末端就更能進行小批量的交易。圖10-8是流通結構長短的概念圖。

【圖 10-8　流通結構的長短】

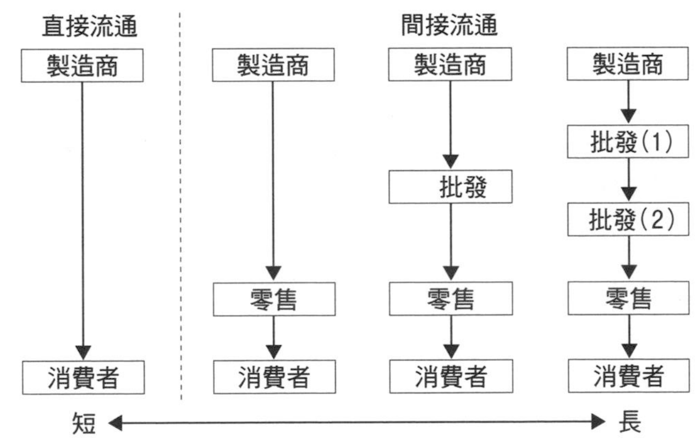

◇流通結構的分析

流通結構的長短，可用多種統計數據來進行分析。接下來我們要介紹「批發對零售營業額比例」（W／R比例）的概念，儘管它還有些許問題，包括迂迴式生產（Roundabout production）、貿易，和非消費品的銷售居多等，但它仍不失為一個可簡單了解流通結構的好方法。

◇批發對零售營業額比例

「批發對零售營業額比例」是以「批發營業額」除以「零售營業額」所得的值。它的概念如下：假設中間商門市層級的利潤固定，也就是批發商和零售商的獲利金額相同。如此一來，當批發階層的營業額和零售階層的營業額不同時，想必是因為門市店數的差異所致。若以概念圖來呈現，就會如圖10-9所示。

【圖 10-9　「批發對零售營業額比例」的概念】

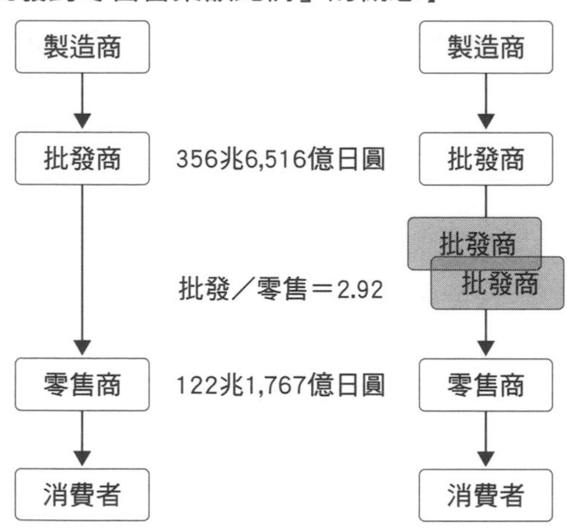

圖10-9左側的流通結構，是製造商 批發商 零售商 消費者，就階層數而言是兩階。若以二〇一四年批發業營業額約為357兆日圓，以及零售業營業額約為122兆日圓來看，那麼批發的營業額規模，就是零售的約2.92倍。這個數字代表了什麼意義呢？其實它呈現的就是W／R比例的概念。

圖10-9右側的流通結構，呈現的就是這個「約2.92倍」的狀態。這個流通結構所代表的涵義，是「批發的銷售階層比零售多出了近3倍」。換言之，它不像左側的流通結構那樣，零售業者在向製造商採購後，隨即就轉手賣給零售商，而是在批發階層當中，還要再進行三次交易，也就是批發商 批發商 批發商 零售商。而這就是W／R比例的概念。圖10-10是計算過去40年的W／R比例，所繪製的圖表。

從這張圖當中，我們可以看出：就長期而言，W／R比例呈現大幅下滑的趨勢。而真正的問題是：為什麼W／R比例會下滑？有一派假設認為，是因為零售業坐大的緣故。如此一來，零售商與製造業直接交易的情況就會越來越多，才導致了流通結構縮短。

【圖 10-10　W ／ R 比率的變化】

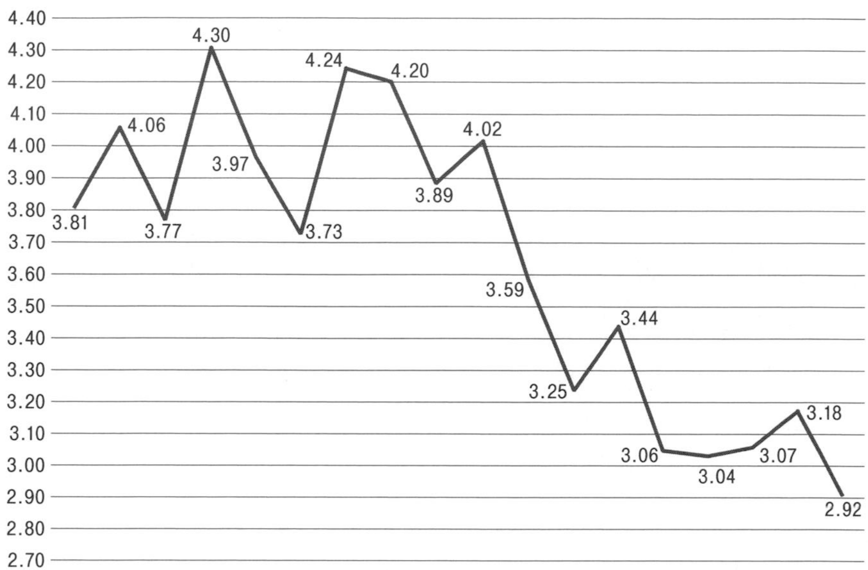

5. 結語

本章我們介紹了「流通結構」的概念，它呈現了把產品從製造商送到消費者手上的一連串交易過程。為什麼流通結構當中的串聯方式會如此重要，那是因為它決定了流通的成果。誠如如我們在「如何審視流通結構」當中介紹過，零售通路只要越能遍地開花，商品的曝光度便隨之提升，而商品就越容易送到消費者手上——這意味著到處都能買得到該項商品。至於流通結構拉長、加寬或開放，代表著市場提供給消費者的服務水準上升，故將帶來不同的流通成果。

另一方面，對製造商而言，流通結構其實也決定了自家企業的銷售成果。若想讓自家產品在市場上順利流通，那麼「如何設計流通結構」便成了相當重要的關鍵。畢竟製造商與中間商的交易形式（這就是流通結構），將影響流通的表現優劣。

? 動動腦

1. 請試著整理出流通結構的特色，並以特定業界為例，從微觀和宏觀的角度來比較，思考它們為什麼會出現這些差異。
2. 請多調查幾個不同業界的流通結構，並以歷史淵源和業界特性為基礎，分析這些業界為什麼會形成特定的流通結構，想一想背後的原因是什麼。
3. 想一想有哪些力量能改變流通結構。流通結構雖然穩定，但並非一成不變。因此，請想一想它會出現什麼樣的轉變，以及這些轉變背後的原因。

參考文獻

大坪元治《商業組織的內部編制》千倉書房，2000年

田村正紀《流通原理》千倉書房，2001年

中村圭介編《眼鏡與希望：縮小的鯖江動能》東京大學社會科學研究所，2012年

風呂　勉《行銷、通路行為論：行銷通路系統特性之基礎研究》千倉書房，1967年

進階閱讀

伊藤元重《流通大變動：第一線的看得到的日本經濟觀察》NHK出版，2014年

帕拉格・科納（Parag Khanna）《連結力：未來版圖　超級城市與全球供應鏈，創造新商業文明，翻轉你的世界觀》（Connectography: Mapping the Future of Global Civilization，上、下冊），聯經出版，2018年

亞伯特－拉茲洛・巴拉巴西（Albert-Laszlo Barabasi）《連結：網路新科學》（Linked: The new science of networks），NHK出版，2002年

第 11 章

日本式商業交易慣例

1. 前言

有兩個地方很希望各位前去一探究，那就是兩種不同類型的化妝品賣場。希望各位去的原因，當然是因為化妝品的流通有很多理論上的課題，更因為這些課題所造成的差異，到現場去比較容易觀察。首先請各位到百貨公司的化妝品賣場去看看。放眼望去，各位會發現賣場被許多品牌專櫃切分成小塊，而在特定品牌的櫃位上，還能看到品牌旗下銷售的各種商品，從化妝品到保養品等，一應俱全。

另一種則是開在綜合超市等零售通路的化妝品賣場。這裡銷售的商品，多半會依「粉底」或「保養品」等品類來陳列，同類商品全都一起擺在貨架上，不分品牌或廠商。

對消費者而言，依品類陳列應該才是比較方便的做法，但店頭卻能依個別廠商來分區陳列，製造商的影響力可見一斑——因為日本還有很多零售商或批發商，隸屬於只銷售特定製造商產品的族群，也就是所謂的「系列」。而早期為了打造這些系列所運用的各式手法，已成為日本市場的商業交易慣例，流傳至今。

在本章當中，我們要來看看這些存在日本流通現場的商業交易慣例，以及流通系列化與交易制度等主題，探討為什麼會有這麼多隸屬於特定製造商系列的零售商和批發商，看看它們曾歷經什麼樣的演變，以及商業交易慣例如何在這樣的交易結構當中形成、演變。

2. 花王股份有限公司與花王顧客行銷股份有限公司的案例

◇花王股份有限公司概要

花王股份有限公司（以下簡稱「花王」）有個家喻戶曉的月亮商標，是日本很具代表性的日用品製造大廠，在油脂產品和界面活性劑的研發、生產上，極具優勢。想必各位應該至少用過一種花王的洗髮精、潤絲精、牙膏或清潔用品才對。花王二〇一七年的營業額約為1兆4,894億日圓，營業利益約為2,047億日圓，營業利益率約為14％。相較於日本企業平均約3％的表現，應該不難看出花王的營收、獲利能力有多強。

而花王成長的原動力，來自於從採購調度到生產、銷售、零售通路配送等業務，全都一手包辦的花王顧客行銷股份有限公司

【圖 11-1　GATSBY 各類產品的銷售金額成長比例（以 2000 年為標準）】

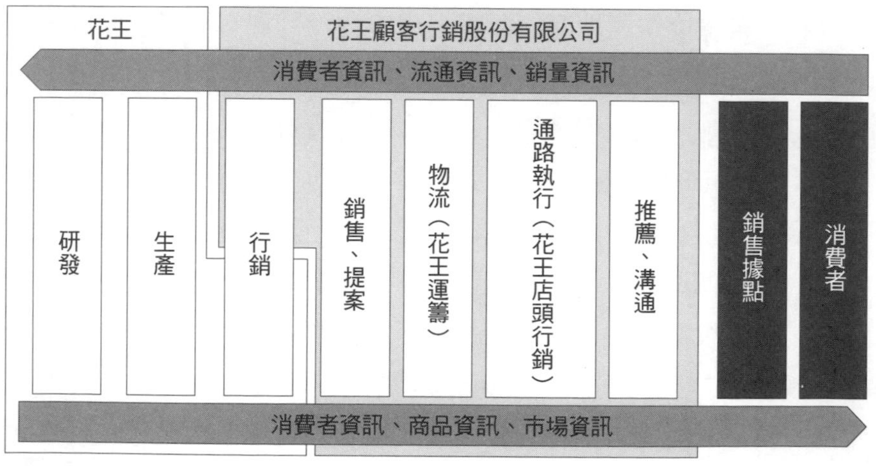

資料來源：摘錄自花王顧客行銷股份有限公司官方網站

（原公司名稱為「花王販賣股份有限公司」，以下簡稱「花王CMK」）。該公司負責在花王日本國內的消費品事業當中，負責推動產品銷售的相關業務。具體而言，它是以行銷功能為業務主軸，配合花王提報通路賣場陳列、賣場呈現、宣傳手法與美容諮詢方法等面向的建議方案，協助串聯商品與消費者（圖11-1）。

◇花王販賣的誕生

一九五〇年代時，花王的銷售部分為東（東北北海道、京濱關東、中部）、西（京阪神近畿、中國四國、九州）兩部，在日本全國共有500家代理商，和1600家特約經銷商，織就出一張銷售網絡，銷售家用產品。到了一九五八年時，趁著新花王香皂上市的機會，花王著手強化系列銷售據點的機制，整頓銷售組織，改善交易條件等，以維持合理市場售價，並因應市場需求變化，更於一九六八年時，在日本全國各地成立了140家販賣公司。

花王會這麼快速地廣設販賣公司，背後其實有著三大原因。第一個原因是包括大榮在內的超市通路崛起。當時，超市的低價銷售攻勢已成常態，花王產品遂成為攬客用的超值商品。花王此舉就是要統一對超市的談判窗口，以強化談判能力；還要透過穩定售價，確保公司合理利潤，以及避免自家品牌相互競爭等措施，維持品牌形象。第二個原因，是要鞭策批發商。經銷商原本財務體質就比較脆弱，當時會為了確保有資金進帳而以低價銷售，以致於在零售階層出現價格崩盤的局面。。第三個原因，是日本政府於一九六〇年擬訂貿易、匯率自由化計劃大綱，推動了資本自由化，包括寶鹼

（PROCTER & GAMBLE，以下簡稱「P&G」）在內的外商企業正式揮軍日本市場。即使是花王，在這些外商巨鱷面前還是顯得渺小。花王為了打造出足以因應這些威脅的機制，才會急於發展「販賣公司」體系。

◇花王販賣的發展與花王CKM的誕生

到了一九八〇年代，大型零售業者的展店區域越來越廣，展店形態也漸趨多元。處於這樣的情況下，迫使花王銷售也必須要有能力在日本全國各地提供相同水準的業務推廣、企劃提案、資訊傳遞和運籌服務。於是花王販賣一方面推動現有功能的共用化、管理部門的集中化，以及銷售活動的效率化，同時也著手進行販賣公司的整併工作。到了一九九二年時，販賣公司已整併為北海道、東北、東京、中部、近畿、四國、沖繩、九州這八家廣域販賣公司，一九九九年更進一步整併這八家公司，成立統轄全國銷售業務的「花王販賣」。

這家「花王販賣」成立的目的，是為了要強化「販賣公司制」。而為了達成這個目的，有兩項業務尤其重要：一是花王與花王販賣的角色分工。以往花王和花王販賣都設有業務部門，在分工上是由花王負責擬訂策略，花王販賣負責執行戰術。在這家花王販賣成立之後，原先屬於花王業務部的各項功能，全都轉移到花王販賣後，便裁撤花王的業務部門。第二點則是支援零售通路的功能。花王將與零售業者攜手合作，以期能站在消費者的觀點，打造出吸引人的賣場，並建立彼此共存共榮的關係。

專欄11-1

花王VS P&G

花王系統物流的誕生，以及發展區域型共同配送中心的措施，在日用品業界引起了軒然大波。尤其是一九九七年時，伊藤洋華堂將神奈川縣內 34 家門市的日用品，交給花王系統物流進行共同配送，配送品項還包括其他公司商品一事，後來演變成了一大風波。

當初伊藤洋華堂宣佈這項計劃時，花王的競爭廠商和批發業者同聲表示反對。P&G 甚至還以「銷售資訊恐有落入競爭者手上之虞」為由，表達了強烈的反對。當時美國 P&G 總公司的德克•賈格（Durk Jager）執行長聲稱這是「妨礙自由競爭」，明白表示無意配合共同配送；而當時日本法人 P&G 遠東公司 (Procter & Gamble Far East, Inc.) 的執行長羅伯特 麥克唐納（Robert McDonald），則是向日本的公平交易委員會提出了異議，表示「伊藤洋華堂的新物流系統，違反了反托辣斯法。」

結果，這場連日本公平交易委員會都被捲入其中的美日物流論戰，伊藤洋華堂在「追求運籌系統的效率化」方針下，仍堅持推動，P&G 最後也參與了共同配送。但在做出這個結論之前，P&G 和伊藤洋華堂在事務層級代表的磋商下，訂定出了一些防範資訊外流的措施：①每日下單數據資料不留存，直接銷毀 ②傳票上不得出現採購價③系統不得與花王總公司主機連線④花王員工不得擅自進出物流中心內列印配送數據資料的電腦室⑤除經特別許可外，花王系統物流的員工亦不得接觸進貨資料。

二〇〇七年時，花王販賣與花王化妝品販賣股份有限公司整併，改組為花王CMK。花王CMK的任務，就是要串聯數據資料與商品陳列，追求零售通路的銷售機會極大化。換言之，就是要從「商品要如何配置，在店頭陳列出來才會最暢銷」的觀點，分析龐大的行銷數據，連同其他非花王的商品在內，構思出最合適賣場陳列組合與貨架排面配置，向零售通路提出建議——這種提案型業務推廣，正是花王CMK的強項。花王CMK以數據資料為基礎，提報有邏輯且簡明易懂的貨架排面配置，藉此掌握對排面配置的主導權，讓花王商品能盡可能爭取到更多通路的青睞，進而在店頭增加曝光（專欄11-1）。

◇花王交易制度的形成與變化

花王自一九六〇年代起，積極強化「販賣公司制」，同時也導入了新的交易制度——建值制[24]，並調整了折讓內容。這裡所謂的「建值」，指的是製造商指定批發或零售商的售價。而會特地選用如此特殊的詞彙來命名，是因為它在設定時已預估每個流通階層（批發和零售）的利潤，是一種特殊的價格。至於「折讓」總不免讓人聽來覺得有一種負面意涵，好像是見不得光的黑錢似的。其實它並不是黑錢，甚至該說它是光明正大的促銷手法。花王導入這一整套交易制度，針對特定產品指定出廠價、批發價和零售價，以避免花王產品遭不當廉售，也將每個既有商品群各自不同、漸趨複雜的折讓制度——期末感謝金給付率整合，僅分為「城市」與「鄉鎮」兩類，以簡化制度。

24 「建值制」類似我國的「限制轉售價格」，由製造商預估各流通階層的毛利水準，訂定零售價，在實務上稱為「建議售價」，在早期日本商界是很典型的商業交易慣例。

【表 11-1　期末感謝金給付率（1964 年 1 月 10 日起實施）】

等級	城市		鄉鎮	
	半期營收	給付率	半期營收	給付率
等級 A	5,000 萬以上	5.4%	2,000 萬以上	5.4%
等級 B	1,000 萬以上	4.9%	500 萬以上	4.9%
等級 C	500 萬以上	4.6%	300 萬以上	4.6%
等級 D	100 萬以上	4.0%	60 萬以上	4.0%
等級 E	100 萬以下	2.9%	60 萬以下	2.9%

資料來源：佐佐木聰《日本式流通的經營史》有斐閣，2007年，第327頁

綜上所述，花王當年為了穩定價格，確保合理利潤，並維護品牌形象，而導入了建值制和折讓制，卻因為透過大量採購、大量銷售而顯得相對更有控制力的綜合超市崛起，以及一九九〇年代的泡沫經濟崩盤，引發通路上出現所謂的「破盤價」現象，導致製造商所打造的建值制名存實亡。所謂的破盤價，指的是善用大量採購與跨國調度，以傳統採購手法無法想像的低價來銷售商品。破盤價的領頭羊——大榮超市曾以100日圓的價格賣過比利時啤酒，而當年啤酒的標準售價是170日圓左右，兩相比較之下，就會發現大榮賣得異常便宜。在這樣的環境下，花王自一九九五年一月起廢除建議零售價，但仍保存建議批發價；同時，花王也將活動特賣時適用的促銷折讓由後付改為預付，但仍保留依半年度營收表現所發放的折讓，以簡化折讓體系。

3. 交易結構、交易制度的確立與變化

◇交易結構中的流通系列化

一般所謂的流通系列化，在定義上是指大型製造商在銷售自家產品時，為確保獨立經營的批發商和零售通路配合，以達到維持價格穩定、擴大市佔率等行銷目標，故對批發商和零售通路加以管控，進而推動組織化的一連串行動（專欄11-2）。

本章我們所探討的「花王」這個案例，是為了穩定價格、維護品牌形象，並打造足以對抗P&G等外資企業威脅的機制，才積極發展「販賣公司」體系。然而，花王所採取的行動，可說是完全符合上述這個「流通系列化」的定義。不過，這一套「販賣公司體系」所扮演的角色，也因為外部環境的轉變，而有所變化。換言之，透過大量採購、大量銷售而顯得相對更有主導權的綜合超市，從製造商手中搶下了配銷通路中的領導者寶座後，讓販賣公司的存在目的，從原本的穩定價格，轉變為操作促銷相關的行銷活動，例如在零售通路執行賣場陳列、營設等。

專欄11-2

流通系列化的三種類型

所謂的流通系列化，在定義上是指製造商在銷售自家產品時，為確保獨立經營的批發商和零售通路配合，在銷售上落實執行行銷策略，而對批發商和零售通路加以管控，進而推動組織化的一連串行動。它可依批發階層的整合性高低，區分出代理商、特約經銷商制度，和具代表性的流通系列化業種，而後者又可區分為以下三大類：

1）販賣公司型：在批發階層是透過專門銷售自家產品的「販賣公司體系」，以進行垂直整合，但在零售階層則會根據一般買賣合約找配銷通路。

2）直接銷售型：製造商將批發階層也納為內部組織，並直接與零售通路交易。

3）一貫型：在批發階層是透過「販賣公司體系」進行垂直整合，並以此為基礎，在零售階層也推動較鬆散的銷售商品限制，或透過商家聯誼會來推動組織化。

【表 11-1　期末感謝金給付率（1964 年 1 月 10 日起實施）】

	販賣公司型	直接銷售型	一貫型	組織形態
製造商	●	●	●	
批發商	↓ ●	┆	↓ ●	販賣公司
零售商		┆ ●	┆ ●	商家聯誼會
代表業種	清潔劑	汽車	家電	
代表案例	花王	豐田汽車	Panasonic	

——→ 原則上是轉投資
－・－・→ 轉投資或非轉投資
------→ 原則上非轉投資

◇導入交易新制度：建值制與折讓制

其實不只是花王，當時也有很多以成立販賣公司等方式來發展流通系列化的企業，為了更鞏固自家的流通系列，便由製造商發動，對已收編入系列組織的配銷通路，實施建值制和折讓制。

所謂的建值制，就是以製造商向消費者公布的建議零售價為基準（100%），再往回推每個批發階層的售價為80%、70%，等於是扣掉每個流通業者賺的毛利後，直接出示每個階層的標準售價。換言之，導入這一套機制後，只要中間商在銷售商品時，遵守製造商所設定的建議售價，就能保證賺到一定程度的毛利（margin）。

不僅如此，製造商還導入了一套折讓（銷售獎勵金）制度，讓中間商願意遵守能為他們帶來一定程度獲利的建值制，不必努力經營。折讓有幾種涵義，基本上就是視中間商努力銷售的商品數量多

【表 11-3　常見折讓類型與內容】

折讓類型	內容
基本折讓	依進貨金額高低，經常性支付的折讓。
現金折扣	在一定期間內，依現金付款金額高低支付。
數量折扣	依進貨數量高低累進支付
目標達成折扣	於達成銷售目標時支付
推廣折讓	於零售業者執行促銷活動時支付
大宗採購獎勵折扣	於確保量販店等大宗採購客戶時支付
差額折扣	由製造商直接出貨給零售商時，支付給與該筆交易相關的批發商
店內市佔率折扣	依自家產品在店頭的占比高低給付。

資料來源：田島義博、原田英生編著《流通入門講座》日本經濟新聞社，1997年，第343頁

第 11 章

寡，由製造商在事後所支付之經濟誘因（也就是金錢）的統稱。就定義上而言，所謂的折讓，是在中間商依正規交易價格完成付款，並經一定期間後，賣方——也就是製造商為修正交易金額，故將已收到的部分貨款退還買方——也就是流通業者的一種交易慣例。基本上，製造商要更動出貨價格時，就必須更動所有建議售價，還會衍生各種相關成本。為回饋那些不更動製造商出廠價，就能賣力為自家公司產品創造銷量的流通業者，才會發展出折讓的做法。

◇廢除建值制與折讓制

進入一九八〇年代後，大型零售通路漸趨連鎖化，展店區域遍地開花，流通業者的實力也不斷成長。到了一九九一年時，泡沫經濟瓦解，導致個人消費銳減，流通業者的業績也隨之惡化。與此同時，流通業界有主打低價銷售的廉價商店崛起，衝擊百貨與綜合超市的售價，甚至引發了全通路調降售價的破盤現象。

店頭的零售價破盤後，讓製造商所設定的建議零售價名存實亡。以往零售通路就算做折扣，促銷價多半還是會維持在建議售價的範圍內，如今零售價竟還出現低於出廠價的數字。在建議售價逐漸名存實亡的情況下，迫使製造商必須全面調整交易制度，於是日用雜貨、加工食品和家電等業界的主要企業，都相繼修改了交易制度。

各業界、企業所更動的內容不盡相同，大致上方向都聚焦在廢除建值制，並同步導入市價制，同時廢除折讓制。自此之後，零售通路的店頭就再也看不到「建議零售價」這樣的標示了。

4. 從事後調整到事前調整

包括花王的案例在內，看了前面介紹過這些製造商與流通業者之間的交易關係，我們可以發現以下現象：建值制和折讓制得以維持運作的那段時期，製造商重複地付給了批發、零售業者好幾種不同名目的折讓，以期能掌控流通業者。而收到這些折讓的流通業者，仗著「乖乖聽製造商的話，最後就能拿到折讓，補貼利潤缺口」的有恃無恐，心態上便流於安逸。流通業者懷抱著「就算成交時多少吃點虧，日後（製造商）還是會給折讓」、「反正最後（製造商）都會照顧我們」的期待，而製造商也有「既然都請流通業者幫忙配合了，就應該回應這些（客戶）的期待」、「不能讓客戶做賠本生意」的認知，因此也可以看到業務窗口分別用各種不同的名目，重複支付了好幾種折讓。

就像這樣，製造商和流通業者彼此在交易時，並未明確針對交易的相關條件進行協商、訂定，直到交易完畢後，才以折讓調整毛利的這種交易型態，我們可從它進行調整的時機，來將它稱為「事後調整型交易」。買賣雙方在長期、持續的交易關係中，透過建值制和折讓制進行買賣交易，才會發展出這種事後調整型交易。然而，自從製造商調整交易制度後，折讓制遭到廢除，「反正之後有人（製造商）會幫我想辦法」的做法，已很難行得通。導入市價制之後，流通業者要自行判斷如何訂定售價，因此才轉型為製造商與流通業者針對每筆交易，逐一評估、訂定各項條件的「事前調整型交易」。

5. 結語

我們的各種行為和習慣，很多都是連自己都不明究理。這些代代相傳而來的風俗，我們稱之為「慣例」。在日本的流通世界當中，也有很多這樣的慣例。在商業發展的歷史長河裡，從製造商產製商品，再經中間商賣到消費者手上的這段過程中，無數的交易不斷重複、累積，逐漸形成慣例。而流通系列化，就是其中的一個例子。

在本章當中，我們探討了一些日本式的商業交易慣例，包括流通系列化、建值制和折讓制。當年在市場上呼風喚雨的大型製造商，利用這些交易制度，限縮了批發商和零售商等中間商選擇商品的自由，進而導向對自家商品銷售有利的狀態，以期能擴大市佔率，並穩定商品售價。

然而，一九九〇年代起，綜合超市等大型零售商發展了連鎖化，並握有強大的採購能力後，市場的權力結構為之一變。換言之，大型零售商實現了「大量採購，大量銷售」的境界，同時又站在最接近消費者的立場，握有許多與消費行為相關的資訊，於是便從大型製造商手中，搶走了通路領袖的寶座。就在這樣的大環境變化當中，我們也發現大型製造商將販賣公司的功能，從原本的「從事與穩定價格相關的銷售活動」，調整為「從事與促銷有關的行銷活動」。

再者，本章也說明了當年製造商為鞏固「流通系列化」，而導入的「建值制」和「折讓制」，後來也在大環境轉變下，更改為「市價制」。

這裡的重點，在於製造商導入的市價制，是把訂定銷售價格的權限交給各流通業者，所以流通業者更要精打細算，追求低成本營運。而批發商更是要跳脫以往那種只靠折讓吃香喝辣的交易模式，並加速升級，成為具備物流、品管、交期管理、穩定供貨、資訊提供等功能的中間流通業者，才能在市場上生存下去。

另外，就仰賴折讓的角度而言，製造商其實也有同樣的問題。製造商的業務會在月底或約滿前夕，以「要達成簽約目標」的名目，向批發商塞貨——這原本已是業界常態。可是，廢除折讓制之後，業務推廣的主軸也出現了很大的轉變。也就是說，交易制度的更動，讓原本仰賴價格訴求的業務推廣活動，轉型為提案式的業務推廣。製造商也開始反求諸己，要求業務員必須和客戶建立良好的關係，為客戶提報各式建議或解決問題的方案。就這一層涵義而言，一九九〇年代所推動的交易制度修訂，對製造商和流通業者而言，不僅是大大地扭轉了彼此的交易關係，也迫使他們開始在各自所發動的銷售活動上，進行典範轉移。

？動動腦

1. 請從汽車、家電和啤酒等商品當中，選一個領域，想一想當中的龍頭品牌，曾發展過什麼樣的流通系列化，而這一套交易制度，如今又出現了什麼樣的轉變？
2. 龍頭品牌發展流通系列化，那麼市場上的老二、老三，所採取的又是什麼樣的通路策略呢？他們採取這些策略的原因是什麼？
3. 一般認為，通路領導者會隨著時代環境的不同，而從批發商換成製造商，再交棒給零售業者。為什麼會出現這樣的轉變？請想一想背後的原因為何。

參考文獻

石原武政、矢作敏行編《日本流通100年》有斐閣，2004年

佐佐木聰《日本式流通的經營史》有斐閣，2007年

矢作敏行《現代流通：從理論與個案中學習》有斐閣ARMA，2001年

進階閱讀

高嶋克義《鞏固零售企業的根基：流通權力轉移過程中的關係與組織重整》有斐閣，2015年

山內孝幸《販賣公司在通路上的功能與角色：流通系列化的動能》中央經濟社，2010年

第 12 章

以零售核心的商業交易慣例

1. 前言

早期曾經有一段時間，年輕人聽到長輩說「以前在秋葉原買電器的時候，還會殺價呢」時，會聽不懂「殺價」是什麼意思，不過近來情況好像又有一些改變——畢竟在像是Mercari之類的平台進行個人交易時，殺價可是家常便飯。這樣說或許有點冒失，但在這種平台上，買家為了至少要爭取到運費折扣，往往甘願冒著被說是奧客的風險；而賣家則是千方百計想以一口價賣出。即使買家換成了零售業，賣家換成了批發商或製造商，這樣的講價過程仍然是大同小異。

為什麼這樣講價會成功呢？事到如今其實也不必再多問，各位應該都知道是因為在交易中佔上風的一方（買方），在面對交易對象（賣方）時，會有一股相對優勢的力量在運作、發酵。這股力量究竟是什麼呢？

二戰後，由於流通系列化的發展，建立起完整量產體系的大型製造商，麾下都握有一批能穩定且優先將自家產品流通到市面上的中間商——也就是批發商和零售商。在確立這一套機制時，倚仗的其實是大型製造商在面對絕大多數都是中小、微型企業的中間商時，所展現的傲人經濟實力，包括資金實力和生產力等。到了一九六〇年以後，因連鎖經營而實現了大量採購、大量銷售機制的大型零售業者崛起，原本的勢力均衡狀態開始出現傾斜。換句話說，那些握有「大量採購」這股強大購買力的零售業者，逐漸在和製造商或批發商的交易當中取得優勢。

本章在第1節當中，要先以家電流通為對象，探討流通主導權是如何從製造商轉移到零售通路，剖析它的變遷；接著在第2節當中，我們要以食品流通為主要對象，想一想取得強大購買力的零售通路，在交易活動中成為核心之後，帶來了哪些影響。

2. 家電業界裡的權力轉移：從製造商到零售商

我們在第10章學過，最正統的流通結構，商流依序是生產者 批發商 零售業 消費者。另外，在每條配銷通路當中出現的個體，我們稱之為「通路成員」（channel member）；而在配銷通路當中，每個時期都會有最具主導權的成員，我們稱之為「通路領導者」。在此，我們就要以家電流通為例，來看看通路領導者的遞嬗更迭。

◇家電流通當中的通路領導者更迭

如圖12-1所示，在一九三〇年代前後，家電流通的通路領導者大多是批發商（盤商）。當時，東芝、日立和三菱等大型製造商，都是以電力設備等重電[25]事業為主力，尚未跨足民生用家電產品的生產。而家電產品的生產，主要是當時一窩蜂成立、水準卻良莠不齊的那些中小製造商的天下。當年的松下電器，尚不足以躋身「大型製造商」之列。在戰後經濟復甦風起雲湧的一九五〇年代起，重電業者也紛紛跨足家電領域，競爭漸趨激烈，導致中小製造商一個個被市場淘汰。而資金雄厚的大型製造商，在確立生產體系之後，寡佔態勢日漸鮮明，遂一躍成為通路領導者。在這樣的狀態下，家電製造商開始建構自己的配銷通路體系，以期能打造自家產品的流通網，並維持價格穩定。具體而言，製造商在批發階層會轉投資代理商，並成立販賣公司；在零售階層則是設法讓商家成為只銷售自家產品的專賣店，以發展流通系列化。而發展流通系列化之後，並不是只有推動這項工作的製造商受惠，中小型的中間商也能獲得「大型製造商優先供貨」和「確保一定水準的利潤」等好處，貨真

【圖 12-1　家電流通當中的通路領導者更迭】

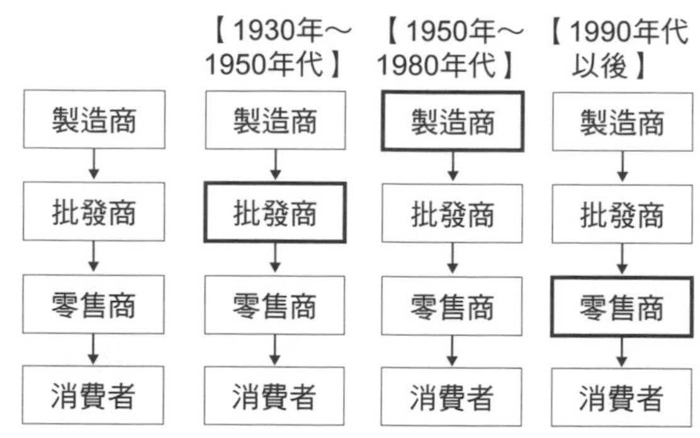

價實地創造雙贏，後來還持續運作了好一段時間。

而這種製造商主導型的流通系列化，製造商會嚴加落實價格管控，因此商品價格在市場上漸趨僵化，反彈聲浪也很大，但當時零售勢力尚未發展到能超越大型製造商的規模。直到近年來，以山田電機等通路為首的新興大型家電量販店崛起，它們挾著豐富多元的商品搭配與低價優勢，嚴重威脅在價格上缺乏競爭力的製造商系列零售商家生存，才迫使大型製造商重新調整流通系列化的銷售體系。

◇製造商主導型流通的躍進——以松下為例

Panasonic公司的前身是松下電器產業（創立時的名稱為松下電氣器具製作所，以下簡稱「松下電器」），成立於一九一八年[26]。

25 發電廠、工廠或商場用的大型電器設備。

26 松下電氣器具製作所創立於 1918 年，從事燈座的生產、銷售，直到 1935 年才改組為松下電器產業股份有限公司。後於 2008 年宣布將公司名稱由松下電器產業更改為 Panasonic，廢除「國際牌」這個品牌。

相較於其他電機製造商，當年的松下電器歷史尚淺，地位上也還只不過是個弱小廠商，卻搶先其他競爭者，積極地發展流通系列化。許多在戰前因為低價銷售大戰而吃足苦頭的批發商和零售商，紛紛表態加入積極協助中間商經營的松下電器麾下，讓松下電器逐漸打開了銷售通路。這樣操作的結果，使得松下電器成功於短時間內建立起中堅製造商的地位，後來才能在二戰後鴻圖大展，發展成一家規模龐大的企業。其他家電製造商眼見松下電器成功崛起，紛紛起而仿傚，幾可說是無一例外。

戰後，松下電器加緊腳步，急欲重整戰前打造的流通系列化體系。首先，在批發方面，受到戰時經濟體制的影響，松下電器原有的配銷通路已無法發揮完整的功能。為了重建配銷通路，松下電器搶在一九四六年就恢復代理商制度的運作。當時松下電器的代理商是以240家起步，到了一九五五年時，已成長到580家。後來，日本經濟進入高度經濟成長期，家電業界競爭更趨白熱化，市場上又再點燃低價折扣的戰火。於是松下電器更進一步推動批發商的系列化，以轉投資代理商的形式，於一九五七年起正式導入「販賣公司制度」。其次，松下電器為推動零售通路系列化所打造的「聯盟店制度」，也於一九四九年重啟。起初聯盟店僅有約6,000家，到了一九五〇年中期，已激增到約4萬家。松下電器要求這些聯盟店要盡可能多銷售松下的產品。一九五七年，松下電器又推出新制度，挑選出大量銷售松下電器商品（店內商品約有80％以上都是松下產品）的零售商家，命名為國際牌商店（National Shop），至一九六四年時，國際牌商店已突破1萬家。照片12-1是一家原名國際牌商店，後改稱為Panasonic商店，且截至二〇一八年仍在營業中的

【照片 12-1　隸屬於松下電器（現已更名 Panasonic）流通系列的零售商家】

拍攝：田中康仁（經店家同意後刊登）

商家。

松下電器所祭出的流通系列化策略，讓系列旗下的批發商與零售商——也就是松下電器販賣公司和國際牌商店，能跳脫低價折扣戰，放心維持穩定經營的局面。這種由製造商發動主導，將批發商和零售商家都納入自家麾下的「流通系列化」做法，是日本特有的一套流通體系。家電製造商先做出了成功案例後，其他業界也紛紛導入，被譽為是撐起日本高度經濟成長期的重要機制。

◇家電量販店的崛起與製造商主導型流通的動盪

從戰後到高度經濟成長期，製造商所主導的「流通系列化」，就某種程度而言的確是成功的，後來卻因為大型家電量販店的崛起而飽受威脅。表12-1 呈現的是通路別的家電流通銷售占比變化。如表所示，一九七八年時，製造商系列零售通路的銷售，佔了市場

【表 12-1　通路別家電流通銷售占比變化】

	1978 年	創業年份
系列店	84.5%	6.7%
量販店	10.4%	62.4%
綜合超市（GMS）	2.8%	2.3%

資料來源：東洋經濟新報社〈週刊東洋經濟1979年4月13日〉1979年，RIC出版〈家電流通數據總覽2013〉2013年

整體的8成多，到了二〇一二年已大幅衰退至6.7％；相對的，量販店的銷售占比則從一九七八年的10.4％，大幅上升到二〇一二年的62.4％。兩者的銷售占比逆轉，過去的主力通路——系列店的占比下降，家電流通的零售階層已形成一個以家電量販店為核心的市場。此外，市場自一九八〇年中期出現這樣的徵兆後，自一九九〇年以後更是一舉加速發展。

二〇〇〇年代起，自北關東地區起家的山田電機、小島（KOJIMA）、K's電器（K'S HOLDINGS），還有主打相機的家電量販店友都八喜（Yodobashi Camera）、必酷（BIC CAMERA）等大型折扣家電量販店迅速成長。根據經濟產業省的統計，二〇一二年家電流通的市場規模為7兆2,180億日圓，而前述這五家企業的營收加總起來，就有4兆7,755億日圓，佔整體的6成多，堪稱為一大勢力。這些大型家電量販店帶動的市場寡占化趨勢，更進一步誘發了低價折扣戰，同時市場上也爆發了大型量販店挾採購力而濫用相對優勢地位的案例等，還有諸多課題待解——例如山田電機所引發的店員派遣問題等，都是很具代表性的案例（專欄12-1）。因為零售通路的購買力所導致的一些商業交易慣例問題，我們將留待下一節

【表 12-2　通路別家電流通銷售占比變化】

	松下（Panasonic）	東芝	日立	三菱
所屬系列店名稱	Panasonic 商店（Panasonic shop）	東芝商店（TOSHIBA store）	日立連鎖商店（HITACHI chiain store）	三菱電機商店（MITSUBISHI ELECTRIC store）
1960 年代	10,000	5,500	3,400	3,300
1960 年代	17,000	7,600	5,800	3,700
1960 年代	26,000	12,000	10,500	4,300
1960 年代	25,000	10,500	9,000	4,000
1960 年代	20,000	9,000	6,800	3,000
1960 年代	18,500	4,000	4,500	2,400
在系列店當中的銷售占比	58%（1996 年） 30%（2013 年）	40%（1996 年） 15%（2013 年）	35%（1996 年） 18%（2013 年）	30%（1996 年） 12%（2013 年）

資料來源： RIC出版〈家電流通數據總覽2014〉2014年

再探討。

前述的一九八〇～九〇年代，主要家電製造商的系列零售商家數量也出現了一些變化，彷彿就像是在呼應通路領導者由製造商轉移至家電量販店的趨勢似的（表12-2）。各家家電製造商旗下的系列零售商家，都在一九八〇年代達到顛峰，之後便一路下滑。礙於數據上的限制，我們以一九九六年和二〇一三年來做比較，可看出自一九九六年以後，系列店的銷售占比也呈現大減的局面。在這樣的風潮下，相較於其他家電製造商，就數字上而言，我們可以看

專欄12-1

山田電機所引發的店員派遣問題

二〇〇八年六月三十日，家電量販龍頭——山田電機因為強迫電腦等家電商品的供應商免費派遣員工，遭公平交易委員會（公平會）依違反獨占禁止法（濫用相對優勢地位）裁處「排除措置命令[27]」。公平會表示，山田電機自二〇〇五年十一月起，即於新門市開幕或改裝開幕時，要求電腦、電視和數位相機等商品之供應商免費派遣員工，從事商品陳列或接待來客等業務。尤其還要求電腦與數位相機的供應商免費派遣員工到場，進行展示品的初始設定作業，以便銷售店頭展示品。截至公平會介入調查的二〇〇七年五月為止，約有 250 家公司派出了 16 萬 6,000 人次的員工。

要求製造商或供應商派人充當店員等支援，是日本業界流傳已久的商業交易慣例，「人員派遣」這個行為本身並沒有違法，如果是為了促銷自家商品而派員工到場，對製造商甚至還有一定程度的好處可言。當時公平會認為有問題的，是強迫「派遣人員到家電量販店」。日本的獨占禁止法禁止大規模零售業者利用「相對優勢地位」，要求製造商派遣人員或強索折讓，本案即屬該等違法行為。而這也是日本公平會首度稽查家電量販店。

製造商派遣人員到零售通路時，業務內容原本僅限於促銷自家商品，但也有些人員被店家當作自家正職員工，要求他們銷售競品，還要達成業績目標，或被迫打掃店內清潔等。在這種情況下，如果山田電機未與製造商達成共識，承諾由山田電機負擔這些人員的人事費用，那麼山田電機就是「濫用相對優勢地位」。

27 「排除措置命令」為日本獨占禁止法當中的一項處置。公平交易委員會在認定業者確有濫用相對優勢地位、獨占寡占、圍標等情事時，得勒令業者停止該違法行為，並採取防止其再犯之必要措施。

出：當年因為「流通系列化」這一套機制而大幅成長的松下電器，還是比較願意把系列零售商家當成重要的事業夥伴。當初商家因為認同松下幸之助創辦人所喊出的「共存共榮」而加入松下系列，至此已逾半世紀，是該到了擺脫製造商細心呵護輔導的依存體質，學習主動積極努力的時候。後來，Panasonic也在二〇〇三年推出了新制，更強化了對系列商家的支援體系。

2. 零售主導型流通裡的商業交易慣例問題

在前一節當中，我們以家電流通為對象，說明了通路主導權從製造商轉移到零售商的過程。在本節當中，我們要以食品流通為主要對象，探討在以「具備採購力的零售商」為核心所發展出來的商業交易慣例當中，在近期成為問題的兩個議題：第一個是自有品牌的問題，第二個則是入倉代送費的問題。

◇強化自有品牌在零售業界造成的影響

所謂的自有品牌（PB），就是零售業者以獨家品牌名稱銷售的商品群。相較於製造商以自家品牌所銷售的全國性品牌（NB），PB商品的售價便宜2～3成，由通路委託製造商生產，至於開發或企劃，則多半是由零售和製造商共同推動（日本流通新聞《零售品牌NB宣言》二〇〇八年）。

零售業者開發PB商品可能有幾個動機，大致上可歸納為商品差異化、因應低價競爭、確保利潤等。圖12-2是以碗裝泡麵為例，針對NB和PB商品所做的價格結構比較。就售價而言，PB比NB便宜50日圓，價格訴求上很有競爭力，此外就毛利而言，PB比NB多出2日圓，收益表現也較佳，可看出的確符合前述的開發動機。如果是大型連鎖零售業者，並積極將PB商品上架到集團在全國各地的門市，甚至可望帶來更好的收益表現。那麼對共同開發、生產的製造商而言，又有什麼效益呢？訂單數量增加，可望挹注一定程度的營收，而工廠的稼動率提升，還能讓製造商在生產力提升、業務推廣費撙節等方面受惠。看了這樣的描述，各位或許會認為接下PB訂單簡直

【圖 12-2　NB 與 PB 碗裝泡麵的價格結構比較】

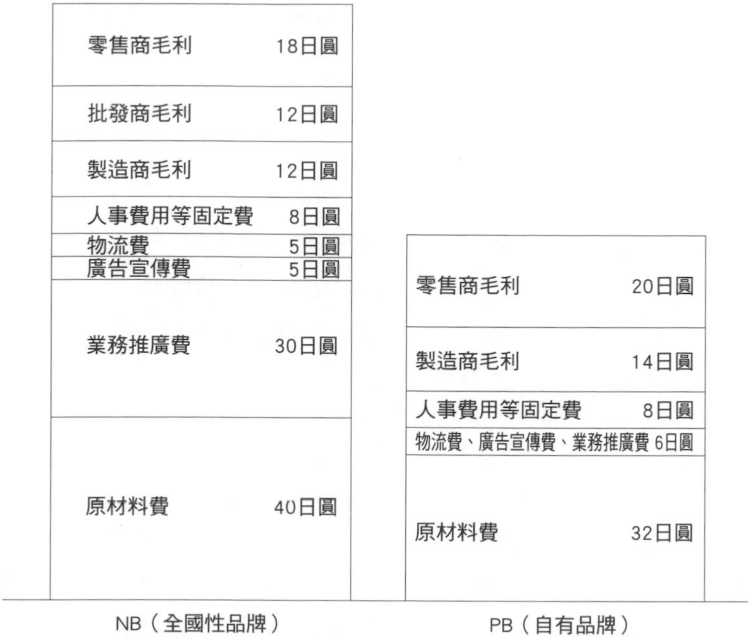

NB（全國性品牌）

零售商毛利	18日圓
批發商毛利	12日圓
製造商毛利	12日圓
人事費用等固定費	8日圓
物流費	5日圓
廣告宣傳費	5日圓
業務推廣費	30日圓
原材料費	40日圓

PB（自有品牌）

零售商毛利	20日圓
製造商毛利	14日圓
人事費用等固定費	8日圓
物流費、廣告宣傳費、業務推廣費	6日圓
原材料費	32日圓

資料來源：作者參考日經流通新聞〈零售品牌NB宣言〉（2008年6月6日）內容編製

是一舉兩得。但對這些接單的廠商來說，其實是很難拒絕零售商的接單要求——這也是個不爭的事實。舉例來說，就有製造商表示，PB商品是雙方共同開發，因此摸清了成本結構的零售商，就會來要求調降報價。

根據公平交易委員會在二〇一四年針對食品領域所進行的PB商品交易實態調查指出，在受訪時表示「零售等業者在設定PB商品的交易條件時，曾做出堪稱為『濫用相對優勢地位』行為」的製造商，交易筆數雖然不多，但仍佔了整體的10.8%。其中又以表示「因為揭露了成本結構或製程等相關資訊，而在價格談判時處於不

專欄12-2

導致食品耗損的日本市場惡習——何謂「三分之一規定」？

根據日本環境省及農林水產省的推估，二〇一四年度一整年，日本國內的廢棄食品就多達 2,775 萬公噸。其中原本應該可以食用，卻遭到廢棄的食品——也就是所謂的食品耗損，就佔了整體的 20%以上，約為 621 萬公噸。這個數字，已達全球糧食援助總量（約 320 萬公噸）的近兩倍。會出現如此大量的廢棄食物，原因之一在於食品流通業界的一項商業交易慣例，也就是所謂的「三分之一規定」。

在「三分之一規定」當中，會將食品從製造日期到有效期限之間的時間——也就是流通過程分為三等份，再訂定出食品在每個流通階層可以留倉的期間。舉例來説，假設某項食品的製造日期是 4 月 1 日，有效期限是 7 月 1 日，那麼製造商和批發商最晚就要在「允收期」——也就是 5 月 1 日之前將它們出貨給零售商，在此之前可以留置在自家倉庫；而零售商可以將它們陳列在店頭貨架上的「銷售期限」，則是到 6 月 1 日為止。過了這些期限之後，商品就會被排除在正規流通管道之外，或是被打入報廢。這項規定的出現，是因為現代消費者追求新鮮，零售商為了讓店頭隨時都能陳列新貨，才擬訂出這樣的機制。自一九九〇年起，包括大型零售通路在內的零售商，紛紛導入了這項規定，而它正是日本社會製造大量食品耗損的一大主因。

批發商來不及在允收期前出貨給零售商的商品，就會退貨給製造商；零售商來不及在銷售期限之前賣給消費者的商品，就會退貨給批發商。二〇一〇年度一整年，日本各批發商退給製造商的退貨總金額為 1,139 億日圓（佔出貨金額的 1.12%）；而日本全國零售商退給批發商的退貨總金額則為 417 億日圓（佔出貨金額的 0.37%）（原井曈〈改變食品流通當中的「三分之一規定」〉，三井住友銀行月報，2013 年）

相較於全球其他各國，日本的期限設定特別短。以「允收期」為例，美國為有效期限的二分之一，英國則為四分之三。允收期越長，收貨方當然就越有充裕的時間銷售。日本已於二〇一二年成立了「降低食品耗損之商業交易慣例評估工作小組」，相關調整都在陸續推動當中。

利立場」的受訪者最多，甚至還有人具體地描述：「零售商根據我們揭露的資訊來進行價格談判，還要求我方調降報價。」其次，在調查中也發現，有些製造商因為PB商品的利潤太低，而打算回絕製造委託時，零售商就會暗示要停止雙方在NB商品上的交易，或降低採購數量，強迫要求廠商接下製造委託的訂單。

◇入倉代送費問題

進入一九九〇年代之後，許多大型零售業為了追求物流效率化，相繼設置了專用的物流（配送）中心。二〇〇八年時，日本加工食品批發協會針對會員企業有交易往來的678零售業者進行調查，結果發現設有專用物流中心的零售業已達整體的81.9％。而所謂的入倉代送費，就是在使用這些零售業者的物流中心時，向批發商或製造商等供應商收取使用費的一套機制。

而由供應商——也就是批發商直接將貨送到零售業者的各門市時，批發商會在原有的商品價格（採購成本+利潤）上，再外加商品理貨及配送等物流費，計算出所謂的「配送到店價格」（到店價）。日本流通系統中的價格制度，基本上都是採取到店價。

問題是到店價和入倉代送費之間的關係。如圖12－3的左圖所示，零售商沒有物流中心時，若由批發商直接將商品送到通路門市去交貨，到店價當然沒有問題；然而，當連鎖化的零售業者有了自己的物流中心之後，「到店價」這一套系統就會衍生出一些問題。

【圖 12-3　因設置物流中心所衍生的入倉代送費】

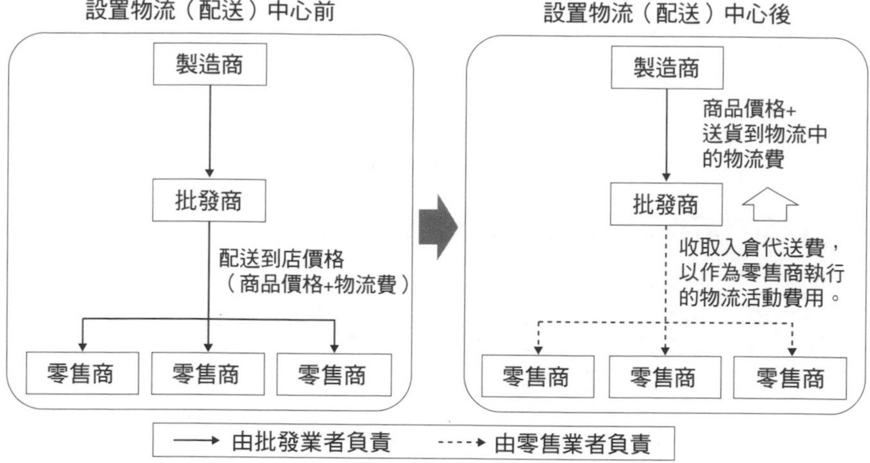

作者參考鑽石雜誌〈業績驟減的食品批發業界，收益模式轉型後，是否仍無力回天？〉（2008年3月10日）編製

零售商設置物流中心後，在物流中心理分貨，以及送貨到各門市的業務，便改由零售商接手。因此就業務量而言，供應商的負擔確實是減少了。可是，就成本面來看呢？受到以往「到店價」制度的影響，在物流中心所產生的成本，零售商不會全額吸收，而是會請供應商以「入倉代送費」的形式負擔一部分。換言之，「從物流中心到零售通路門市」的物流成本，原本應該是包含在到店價裡，現在這一段物流成本不再需要，於是零售商就要供應商以「入倉代送費」的形式，把省下來的成本還給零售商。在透過物流中心配送之後，供應商的確是撙節了些許成本，所以如果入倉代送費的金額，與前述這筆省下來的成本相仿，那就不成問題；然而，如果供應商要支付的入倉代送費，比省下來的物流成本還多，那麼供應商的物流成本恐有不降反升之虞。實務上，入倉代送費的費率都由零

售業者片面訂定，因此透過這些物流中心配送（右圖），有時可能會比供應商自己配送到店（左圖）的成本還高。

如此一來，供應商當然會希望自行配送到零售門市，但零售商把入倉代送費當作一個重要的收入來源，因此他們會以「推動物流效率化」的名目，回絕供應商。實際上，根據調查發現，的確也有企業設置專用物流中心的動機，就是想藉由收取入倉代送費來增加獲利。

就像食品領域爆發的PB商品流通問題一樣，公平交易委員會針對零售業者要求供應商負擔物流中心設置之相關費用一事，從獨占禁止法的角度，認定「在交易關係中具優勢地位的零售業者，片面強迫供應商負擔該等費用之舉，已構成『濫用相對優勢地位』」，並視為一大問題。

◇不收入倉代送費的案例：唐吉訶德

前面我們談到了入倉代送費的問題。其實在大型零售業界當中，也有堅持獨特作風，不收入倉管理費的企業——這家企業就是唐吉訶德。在風波不斷的零售業界，唐吉訶德自一九八九開出第一家門市以來，連續28年營收、營業利益成長，發展勢如破竹。集團旗下目前共有368家門市，年營收高達8,288億日圓（二〇一六年七月至二〇一七年六月），未來甚至還要再加快成長步伐，祭出「二〇二〇年達到500店」的目標。

其實唐吉訶德在一九九八年達到十家門市後，便開始持續快速成長。然而，在公司快速成長的背後，物流體系卻是一片荒蕪。於是唐吉訶德開始評估和其他連鎖零售企業一樣，採用共同配送機制。可是，當時的唐吉訶德，對共同配送機制絲毫不具備任何實際運用的知識，便於競標後，開設了物流中心，並將管理業務委由物流公司「扇興」（SENKO）辦理。這座物流中心的開設，不只是為了推動唐吉訶德本身的物流效率化，也是為了減輕供應商的負擔。而實際上，後來隨著門市家數增加，物流中心的確減輕了唐吉訶德在出貨業務上的負擔。此外，物流中心的營運，以及商品配送到店的相關費用，都由負責管理、營運物流中心的扇興公司負責收取，唐吉訶德不僅分文未取，還請扇興要在物流費用上盡可能給供應商最大的優惠（角井亮一《零售、流通業不可不知的物流知識》商業界，2011年）。這恐怕是和唐吉訶德的創辦人——安田隆夫在開設唐吉訶德的第一家門市之前，曾在批發業打滾過幾年的經驗有關。而如此禮遇供應商的態度，想必也對雙方良好關係的建立，發揮了正向的效果。

4. 結語

從二戰後到高度經濟成長期，製造商所主導的流通系列化，帶領當時仍留有濃厚微型企業色彩的批發商、零售商走向穩定經營的道路，同時又拓展了對消費者的家電流通管道，是很卓越的一套機制。它固然也因為導致價格僵化而受到抨擊，不過這種由製造商所主導，將批發商和零售商店都納入系列麾下的「流通系列化」做法，成了日本獨特的商業交易慣例。而家電製造大廠的成功案例，也吸引了其他業界如法炮製，可譽為是支撐日本走過高度成長期的重要機制。後來因為市佔率被主打低價訴求的大型家電量販店蠶食鯨吞，導致流通系列化衰退，也使得流通領域的權力關係轉變，主導權由製造商轉向了零售通路。

反之，近年來，在零售通路主導下，商業交易新慣例也逐漸形成。零售業者隨時都在流通的最下游與消費者對峙，他們會利用自己的採購力，要求製造商或批發商在交易上讓利，以便追求更高的銷售競爭力。在本章當中，我們藉由「自有品牌」和「入倉代送費」這兩個題材，探討了零售主導型的商業交易慣例。然而，不論是由製造商主導，或是由零售商主導，以力服人的交易慣例，終究不會長久。本章也介紹了唐吉訶德的案例，看來今後零售企業與製造商或批發商之間，恐怕都必須建立像這樣的優質關係。

?動動腦

1. 想一想流通系列化得以獲致成功的背景因素為何？尤其是對中小、微型的獨立商號而言，流通系列化扮演了什麼樣的角色？
2. 想一想你平常在便利商店或超市購物時，選購自有品牌商品的比例有多\高，並比較自有品牌和全國性品牌的優、缺點。
3. 試著找出一個零售企業和製造商（或批發業）在流通、交易上成功攜手合作的案例。

參考文獻

石原武政、矢作敏行編《日本流通100年》有斐閣，2004年

大野尚弘《PB策略：自有品牌的策略結構與動能》千倉書房，2010年

尾崎久仁博〈戰前期松下的通路行為與經營策略〉彥根論叢第257號，1989年

角井亮一《零售、流通業不可不知的物流知識》商業界，2011年

齊藤實、矢野裕兒、林克彥《現代運籌論：從基礎理論到經營課題》中央經濟社，2009年

中嶋嘉孝〈家電製造商的行銷通路變遷〉大阪商業大學論集第7卷，2011

山內孝幸《販賣公司在通路上的功能與角色：流通系列化的動能》中央經濟社，2010年

進階閱讀

高嶋克義《鞏固零售企業的根基：流通權力轉移過程中的關係與組織重整》有斐閣，2015年

崔相鐵、石井淳藏編《配銷通路的大洗牌》中央經濟社，2009年。

矢作敏行編《雙重品牌策略：NB and/or PB》有斐閣，2014年

第 13 章

集中交易法則與商品搭配的形成

1. 前言
2. 中間商及其行為
3. 中間商在社會上的存在意義
4. 中間商的多元面貌與買賣集中原理
5. 結語

1. 前言

到第12章為止，我們學習了生活周遭各種中間商的樣貌。以「直接與消費者接觸」這層涵義而言，零售業是一種你我都「看得到」的中間商；而在它背後大顯身手的則是批發業。不論各位是否早已知道這些中間商，想必各位讀完這些章節，應該再次體認到：我們的生活，仰賴著許許多多、各式各樣的中間商支撐。

不過，想必有人會抱持著這樣的疑問：「現在網路科技那麼發達，直接找生產者買，不是會更便宜嗎？」或是還有人更直截了當，對於「為什麼要有那麼多中間商？」很感興趣。

在本章當中，我們要試著從「中間商的行為與角色」這個觀點，來思考上述的問題。換言之，我們想在「中間商有什麼樣的特質？」「我們該如何解讀中間商介於生產者和消費者之間的意義？」「該如何說明各種中間商的存在？」等問題當中，加入一些學理的考察。首先，就讓我們來看看中間商的行為特質。

2. 中間商及其行為

◇何謂中間商

環顧生活周遭，想必各位身旁充斥著生活者所生產的各項商品，幾乎沒有任何一樣東西自己是從零開始自行生產的吧？當今社會，於多數情況下，我們的生活都是以商品為基礎，所建立起來的。

然而，有些人採買物品，的確不是以消費為目的。其中最具代表性的，就是「為了轉賣給其他人而買」，也就是所謂的「中間商」。就「為了轉賣給別人而買」的這一層涵義上而言，中間商所從事的這項行為，我們稱之為「商業性轉售」。而中間商就是透過這些「商業性轉售」來賺取自身獲利的經濟主體，並出現在流通的過程中。

◇中間商的行為

讓我們來想一想這些中間商的行為有哪些特質。這裡謹列舉兩點：

首先，中間商為了賺取更多的利潤，永遠會以「低買高賣」為目標。中間商的獲利來源，在於商品買進價格（採購價）和賣出價格（售價）之間的差額。這個差額，我們稱之為毛利（margin）。中間商若想提高自己的利潤，就要把毛利衝高。

第二個特質，是中間商會以「多銷」為目標——因為中間商的利潤總金額，取決於每一個商品的平均毛利金額和銷量。

綜上所述，中間商若想透過商業性轉售來賺取更多利潤，就會努力落實「買低賣高」和「多銷」。在中間商的行為當中，它們可以說都是很常見的基本特質。

◇中間商的社會性格與商品搭配的形成

那麼，為了達成這兩個目的，中間商會採取哪些行為呢？

首先，讓我們想像一下買東西時的場景：如果中間商懷抱著「想盡量衝高銷量，多賺點錢」的念頭，就會到處去採購那些他們認為「賣得掉」的商品，生產者是誰都無妨。

接著再讓我們想像一下賣東西時的場景：同樣的，如果中間商懷抱著「想盡量衝高銷量，多賺點錢」的念頭，就會盡量把商品賣給那些「願意接受我方條件」的買家，管他買家是誰都無妨。

以上兩種行為，是我們假設中間商認為「要透過自己的商業性轉售行為，盡可能賺取最多利潤」時，應該會採取的行動。而我們在這裡想強調一點：中間商的這些行為，絕非只為特定生產者或消費者量身打造，商品可向任何人買，也不吝惜賣給任何人。中間商的這種性質，就是所謂的「中間商的社會性格」。

當中間商具備社會性時，這些中間商認為「賣得掉」的商品，就會匯集到他們手邊。中間商主動將商品匯集到自己手邊的行為，就是商品搭配活動。具社會性的中間商，必定會以自己精挑細選的商品來進行商品搭配，以期能吸引更多買家上門。站在個別中間商的立場來看，「如何進行商品搭配」這件事，對於是否能成功吸引消費者，或能否戰勝其他中間商，都是相當重要的課題。

3. 中間商在社會上的存在意義

◇「中間商的存在根據」為何？

我們所能想像的中間商活動，就是每個中間商天天都積極進行商業性轉售，以便能用自己確信「賣得掉」的商品搭配，創造出最多的收益。

只不過，每個中間商都能基於這樣的動機出現在流通過程中，依各自的想法從事商業性轉售活動，和中間商能否在流通過程中長久生存下去，是兩個不同層次的問題。每個中間商的出現，都有各自不同的動機。然而，當社會上不需要秉持該種動機的中間商存在時，它們在實務上恐怕就無法生存下去。

從這個觀點出發，接下來我們要思考的，是中間商的存在根據問題——畢竟現在郵購、網購發達，消費者不必親自跑一趟門市，也能購物消費。想必有不少人都曾在網路上，買到比實體門市更划算的東西吧？然而，我們大部分的日常採買，還是在許多零售商家進行，況且我們也不覺得有什麼不對勁。

為什麼會這樣呢？在思考這個問題之前，讓我們先來想一想「要是這個社會上少了中間商，那會怎麼樣？」——因為釐清這個問題，反而更能突顯中間商存在的意義。

◇為消費者創造的方便

讓我們先從消費者的角度來想一想。少了中間商，可能會引發什麼樣的狀況呢？在此要請各位特別確認以下2點：

第一，如果沒有中間商，我們恐怕就得要與生產者一個一個交易，才能買齊日常生活所需的商品。例如各位可以試著想想該怎麼準備早餐。消費者平常採買時，會一併選購相關商品，也就是所謂的「關聯購買」。當我們想買齊這些「關聯購買」的食材時，如果沒有中間商，想要什麼都必須直接去找生產者購買。

第二，如果沒有中間商，我們就連想比較一下不同商品，都必須親自拜訪每位生產者才行。消費者會在比較、評估同種商品後購物的這種行為，即所謂的「比較購買」。若想在比較過後才選購商品，就必須直接去找每個生產者接洽——這樣不僅金錢開銷相當可觀，要是再加計時間、勞力或精神負擔，那麼找出想要商品所需投入的成本，會相當驚人。

相對的，如果有了中間商，情況又是如何呢？中間商會把它們認為「賣得掉」的商品都匯集到手邊，因此買方只要找到有售需求商品的中間商即可，例如要準備早餐，就跑一趟食品超市；想買外套，就去百貨公司……等等，還能一併完成關聯購買和比較購買。

就像這樣，有了中間商，消費者就不必挨家挨戶拜訪每位生產者。此時，中間商其實就是眾多消費者共同的「採購代理人」，一手包辦買方的各項採購需求（圖13-1）。

【圖 13-1　中間商的集中採購】

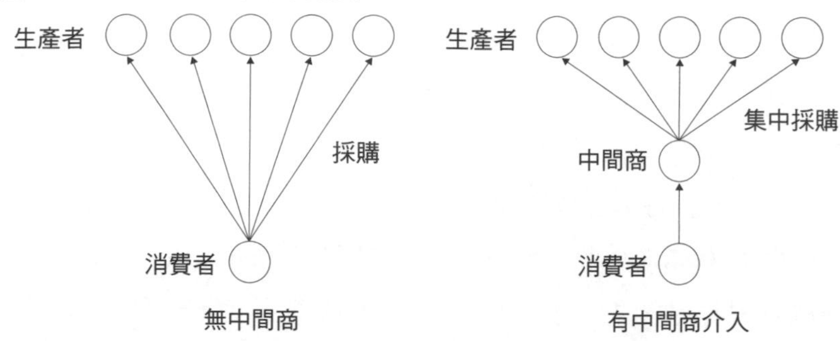

◇為生產者創造的方便

接著我們再從生產者的角度來想一想。要是沒有中間商，會怎麼樣呢？在此，我們要從與銷售有關的「交易」和「協商」觀點，檢視以下兩點：

第一，如果沒有中間商，生產者就和消費者一樣，必須自行與每個人交易、協商。

第二，非與銷售直接相關的業務，例如接待每位上門來找商品的消費者等，也必須由生產者親自應對。因此，生產者可能還需要打造一個空間，用來接待這些來訪的消費者。

不論如何，要找出可能願意購買自家商品的消費者，或是包括安排場地在內的個別協商、應對，恐怕都要花費相當可觀的成本與時間。

相對的，倘若有了中間商，情況又是如何呢？只要中間商認為生產者的商品「賣得掉」，就會出手採購，接著再去找出想要這些商品的買家，予以轉售。因此，對生產者而言，總之只要能先把商品賣給中間商就行了。

就像這樣，生產者只要能把產品賣給中間商，後續轉售就只要交給中間商處理即可，可解決找尋消費者和協商等問題。這時，中間商就等於是眾多生產者共同的「銷售代理人」，一手包辦生產者的各項銷售業務（圖13-2）。

【圖 13-2　中間商的集中銷售】

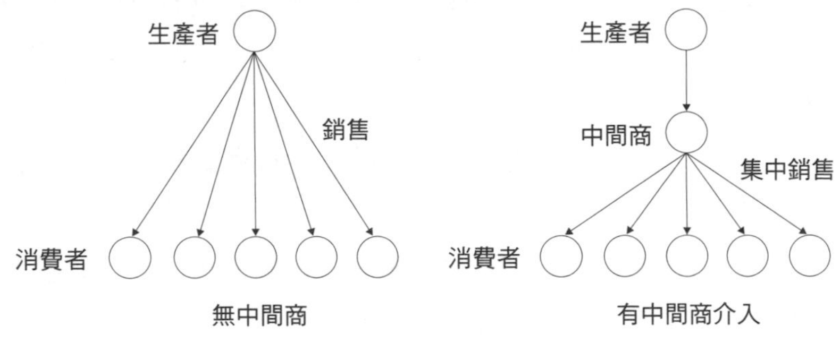

◇買賣集中原理

綜上所述，這裡要強調的是：當我們把「採購代理人」和「銷售代理人」的特徵放在一起來看，就會發現具有社會性格的中間商，會透過商品搭配活動，來讓大量的銷售和採購交易集中在自己手上（圖13-3）。

這一套在中間商身上運作的原理，我們稱之為「買賣集中原理」（Principle of Concentrated Transactions）。換言之，中間商讓大量銷售和採購集中在自己手上，構成一個能讓各種賣家和買家交會的場域。而中間商就是提供這個場域的主體，處於賣方和買方之間，為生產與消費穿針引線（專欄13-1）。

【圖 13-3　中間商的集中買賣】

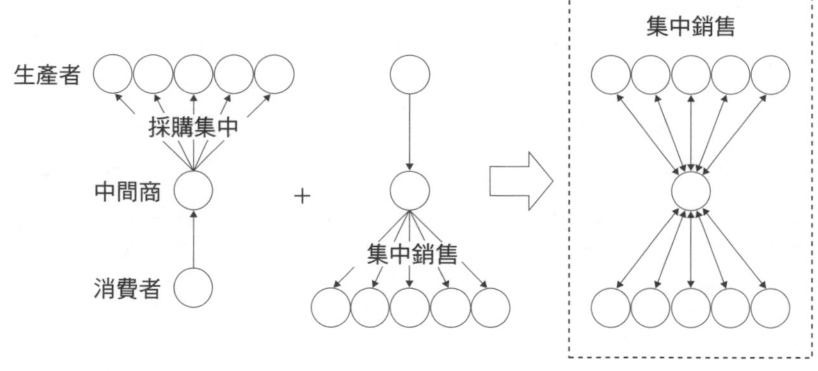

專欄13-1

中間商的角色

很久很久以前，人類過著團體生活，生活所需都是自己親手栽種、打造，是的自給自足的社會。然而，隨著時代的演進，每項商品都有人專職負責生產，而且分工越來越細，因為這樣做效率才會更好——這就是分工社會。如今，我們就生活在這種高度分工的社會。

在分工社會當中，生產者和消費者是完全分離的。而流通正是跨越這道隔閡的連結。流通所扮演的角色，就是要為分隔兩端的生產者和消費者，填補彼此之間的鴻溝。舉例來說，將生產者所生產的產品賣給消費者，就是流通該發揮的功能。透過協商和買賣，串聯起市場上對商品的需求和供給——就這個角度而言，流通發揮的是所謂的「供需調節功能」。再者，流通還發揮了一項功能，那就是將生產者所生產的產品送到有消費者需要的地方，或暫時保管，直到有消費者需要它們為止。就實際掌管貨物流動的角度而言，流通所發揮的是物流功能。除上述之外，流通承擔了資訊傳遞、風險承擔、付款和金融等各式各樣的功能。

中間商因為處在生產者和消費者之間，所以才能發揮上述的這些流通功能。因此，要是少了中間商，消費者與生產者之間的交易與協商，或是在物理移動上所衍生的成本等，恐怕都會變得很麻煩。只不過，這些也不見得都是中間商本來就具備的功能。舉例來說，就像我們在郵購、網購等直接銷售當中所見，流通機能其實也可以由生產者或消費者自行負責處理，

那麼，中間商原有的功能又是什麼呢？其中之一是以中間商的社會性（社會性格）為基礎，所衍生的商品搭配功能。中間商透過「以轉售為目的所進行的商品搭配」，把買賣交易集中到自己手上。此舉除了可以省下交易總次數和摸索成本之外，也讓中間商扮演了「吸收生產者銷售風險」、「傳遞包括供需在內的資訊」等角色。經濟學上所預設的「市場」能成真，都是因為中間商發揮了這些功能，為「市場」的成立奠下了基礎。

◇中間商的角色

檢視過上述這一套買賣集中原理的運作之後，從社會性的觀點來看，中間商居於生產者和消費者之間的意義，也顯得越發明確。就讓我們再來確認一下以下這三項意義：

第一點是中間商的集中買賣，為商品交易省下了許多時間與成本。如前所述，就同樣的商品搭配而言，有中間商居間串聯，至少交易總次數會比生產者和消費者直接交易時來得少。這一點各位應該可以理解。而推導出這項功能的，就是所謂的「交易總次數最少化原理」。

第二點是中間商透過買賣集中所構成的商品搭配，對生產者而言是探詢廣大消費者需求資訊的場域，對消費者而言則是了解眾多生產者供給資訊的平台。舉例來說，市面上的書店店頭，陳列著許多新書和暢銷書等商品。消費者只要看看店頭的商品搭配，就能從中得知「最近有什麼新書上市」，或「最近哪些書賣得好」；而出版社只要觀察書店的銷售狀況，就能了解「現在哪些書受歡迎」，或是更進一步得知「消費者想要的是哪些書」。也就是說，中間商的集中買賣，讓供給和需求得以交會，探知彼此的動向，調整彼此的行動，同時也彼此串聯。這其實就是在發揮所謂的供需調節功能。而推導出這項功能的，就是所謂的「資訊濃縮、統一原理」。

第三，因為中間商集中買賣而造就的商品組合，其實也發揮了更積極創造需求的功能——換言之就是所謂的需求創造功能（它和我們在第一章探討過的「創造欲望」具相同效用）。舉例來說，像剛才提過的書店也好，百貨公司、家電量販店或超市也罷，想必各位都曾因為在店頭發現陌生的新商品，最後決定買下的經驗吧？即便是現有商品，或許也有些是因為我們在店頭看到中間商的使用建議，才發現它的新用法，進而決定購買。而從生產者端來看，不論生產者的期待或規劃原意為何，在商品產製階段，其實根本沒人知道消費者將會如何看待該項商品。在這樣的前提下，如前所述，託付給中間商銷售的商品，在與消費者交會、連結的過程中，價值才會重新獲得確認，甚至還可能找出新價值。

在此，我們想再與各位確認一個重點，那就是中間商的社會性（社會性格）所代表的意義。如前所述，中間商會積極地將自己認為「賣得掉」的商品匯集到手邊進行商品搭配，除了想藉此為消費者帶來更多方便外，也為一些還不為消費者所知的商品挖掘新需求，甚至是極力創造出一些原本連中間商、生產者都沒想過的欲望。若從為社會創造新價值的觀點來看，這項功能恐怕才是在中間商所扮演的各種角色當中，特別被強調的一種。

如上所述，中間商作為商業性轉售者，並不只是居於生產者和消費者之間，從中賺取一筆外加的利潤。他們以「買賣向中間商集中」為基礎，不僅讓生產者和消費者的交易更有效率，還為生產者和消費者，或商品和消費者打造了新的交會場域，串聯了供給與需求，甚至還扮演起了創造新需求、新價值的角色。中間商要先發揮這些角色功能，才有它們存在的意義（專欄13-2）。

專欄13-2

由中間商就交易的計劃性高低進行調整

如本章正文所述，中間商所發動的「買賣集中」，大幅降低了生產者與消費者的搜尋成本與搜尋時間。這樣的效益，就是大家所熟知的「交易總數減省效應」或「資訊濃縮效應」。

然而，要順利地串聯生產者的生產活動與消費者的購買活動，其實還有一個重要的元素——就是調節生產端（上游）的計劃性與消費端（下游）的非計劃性。

首先，就生產端而言，讓我們先來想像一下製造商工廠裡的情形：工廠裡會根據設備的稼動計劃、工廠員工的人力調配，或原料的調度狀況等擬訂縝密的計劃，並依這些計劃持續不停地生產產品。這個光景，各位應該很容易想像才對。

而消費端又是如何呢？例如我們先來想像一個購買罐裝茶飲的情景：想必應該有很多人都曾因為「剛好口渴」且「剛好自動販賣機有賣那種茶」，而買下茶飲的經驗吧？我們平常就像這樣，絕大多數都是在沒有計劃的情況下採買、消費。

換句話說，上游生產者要面對下游這群「隨興」的消費者，還必須持續而有計劃地產製產品。交易的計劃性從上游到下游逐漸減弱的這種現象，就是所謂的「交易計劃性的稀釋」。中間商除了要發揮其他各種流通功能之外，也出現在流通的過程中，為這種交易計劃性的強與弱，扮演起調節的角色。

中間商的參與，使得流通從批發到零售，形成了一個多階層的結構。在這個流通結構當中，中間商從上游到下游，逐漸地縮小交易單位，同時也盡可能建立大量的交易關係，以確保整個配銷通路的交易持續性。此外，批發、零售等階層都各有庫存，以隨時因應交易對象突如其來的訂購、叫貨。流通過程在中間商這樣的安排之下，上游那些計劃性的交易和下游那些非計劃性的交易，才得以串聯起來。

以經濟學上的競爭市場（也就是預設市場上是以分散、短暫的交易關係為前提）概念而言，在上游交易的實務中所呈現的計劃性，或許會顯得相當突兀。然而，「持續而有計劃的生產」和「個別消費者短暫且無計劃的購買」這兩種性質迥異的現實，的確就擺在我們眼前。而為這兩者彌補落差的，就是中間商。就這一層涵義而言，經濟學上所預設的「市場」能成真，同樣是因為中間商扮演了吃重的角色使然。

4. 中間商的多元面貌與買賣集中原理

◇買賣集中原理的限制因素

前面我們看過了中間商居於生產者與消費者之間的意義。各位應該不難想像：「買賣集中原理」和它的運作，是一個很重要的關鍵。

不過，在實務上，所有商品不會全都匯集到單一中間商手中。換言之，雖然我們說「中間商會讓買賣集中」，但並不代表所有商品都會集中到某一個中間商。

我們可以想到的原因，是因為在商品的買方和供給方，都有限制買賣集中原理運作的因素存在。在此謹列舉三個限制因素如下：

第一個是消費者購物行動範圍所造成的空間、地理限制。例如採買當天晚餐要用的食材時，我們恐怕不會因為稍微便宜一點，就特地搭電車到鄰鎮的超市去買東西。不過，如果是要買一個要價好幾萬的包包，那麼就算距離稍遠，我們應該還是會想多跑幾家店，多方比較之後再買。所以買賣集中的範圍，就會像這樣受到消費者購物行為的範圍左右。

第二個是中間商的商品銷售技術限制。例如要賣魚類海鮮的中間商在店裡同時賣男裝，恐怕就會很有難度——畢竟兩者的商品銷售技術、設備、知識和資訊截然不同。所以如果反過來要在男裝店賣魚，也會同樣困難。由此可知，買賣集中的範圍，會受到中間商的商品銷售技術左右。

第三個是受到消費者關連購買範圍的限制。舉例來說，假設我們為了採買今晚晚餐要用的食材，而走進了某家商店，店裡擺出了大量的家電和服飾等非屬食材的商品。這樣的商品搭配，對我們不僅沒帶來任何方便，說不定還會覺得很礙事。買賣集中的範圍就像這樣，會受到「消費者的關連購買範圍」左右。

◇五花八門的中間商，各顯神通的品項搭配

在以上看到的這些限制當中，仍想極力做到最大限度的買賣集中——我們可以這樣勾勒出中間商的真實樣貌。例如像果菜行和鮮魚店之類的專賣店，就是在商品搭配的廣度上較受限的中間商。它們聚焦銷售同種商品，導致商品搭配較受侷限，是因為受到商品銷售技術的高度限制；然而，它們藉由聚焦銷售購買頻率高的低單價商品（就是所謂的「便利品」），既能符合消費者有限的行動範圍，又能達到買賣集中的效果。

此外，還有一些中間商將商品搭配的廣度，拓展到了關連購買的範疇。其中最具代表性的，就是食品超市和家電量販店等專業量販店。這些中間商在將自身的商品銷售技術擴增到關連購買商品的同時，也做到了更有深度的商品搭配。

百貨公司、綜合超市和便利商店，其實也都將商品搭配的廣度，拓展到了關連購買的範疇。這些中間商是透過門市管理技術的提升，成功地跨越了「商品銷售技術」這道高牆。為迎合消費者的行動範圍，百貨公司和綜合超市將消費者會特地蒐集資訊，到處參觀、比較的選購品（Shopping Goods）也納入商品搭配，同時還擴

大了關聯購買的範圍；而便利商店則是商品搭配的深度很淺，但聚焦銷售暢銷商品，以符合消費者有限的行動範圍，並發展出讓消費者在日常生活中更感方便的商品搭配。

◇以聚落為單位所設定的商品搭配

綜上所述，「買賣集中原理」並不意味著所有買賣都會匯聚到單一中間商。在個別中間商層級當中，這個原理只會在有限範圍內運作。

所以在實務上，「買賣集中原理」只會呈現出有限的效果嗎？其實，如果我們拉高單位層級來看，就能明白：儘管個別中間商會受到買賣集中的限制，但也有另一股試圖衝破限制的力量在運作。以下列舉的兩點，可說是這股力量運作的象徵。

第一是商業聚落所帶動的買賣集中。如前所述，個別中間商或許的確會受到其商品銷售技術的限制，而執守於有限的商品搭配。可是，這些商品搭配，不見得與消費者的關連購買範圍一致。如何化解這個不一致，便成了一個課題，而「商業聚落」就是一種解決方案——也就是說，個別中間商聚集在一起，化解了那些因為商品銷售技術限制而產生的「商品搭配極限」，與「關聯購買行動範圍」之間的差異。

第二是擴大範圍，在消費者的行動半徑範圍——也就是消費者的購物圈範圍內進行商品搭配。對消費者而言，只要能在購物行動範圍內的各家零售商店採買得到所有需要的商品就好，即使不在同一處買也無妨。換言之，只要做到「購物圈層級的買賣集中」，消費者就不會感到不方便。而這個購物圈，通常是以城市或地區等的界線為單位。

以上介紹了在兩種不同層級的商品搭配。若將個別中間商所做的商品搭配稱為是「個別商品搭配」，那麼另一種應該就可以稱為是「聚落單位（或統計層級）的商品搭配」。

如上所述，買賣集中原理雖有限制因素，但在實務上仍可盡其所能發揮效用。而中間商一方面各自自由而積極地進行商品搭配，並化身為嘗試創造需求的一個個主體；另一方面，從社會整體的角度來看，它們也是讓買賣集中原理發揮到極致的基礎。

5. 結語

在本章當中，我們針對中間商的意義、角色與特質等方面，做了一番學理的探討。謹將內容整理成4項重點如下：

第一，中間商作為獨立於特定生產者或消費者之外的商業性轉售者，會出現在流通過程之中。中間商的這種性質，我們稱之為「中間商的社會性（社會性格）」。

第二，這些具社會性格的中間商，會透過自己安排的商品搭配，促使更多銷售與購買集中到自己手上。這種作用就是所謂的「買賣集中原理」。

第三，在「買賣集中原理」之下，我們不難理解中間商的傳統角色，就是交易效率化、供需調節功能，以及需求創造功能。

第四，在實務上，買賣集中原理在一定的限制下，仍孕育出了各式各樣的中間商，更有一股追求突破限制的力量在運作。而這當中的關鍵，就在於為追求商品銷售技術擴增、門市管理技術發展，所發揮的創意巧思，以及「以聚落為單位的商品搭配」。

中間商就帶著這些獨門行動和功能，在流通過程中出現，更在實務上扮演著市場舵手的角色。

動動腦

1. 舉一個你生活周遭的中間商案例，並想一想這個中間商在哪些層面上發動了集中買賣？
2. 請試著找一個案例，來呈現中間商如何透過商業性轉售和商品搭配活動，創造出新需求，並思考這個案例為什麼可以成功？
3. 在網路平台購物，和在實體商店購物有何不同之處？兩者各有什麼優缺點？請列舉幾項具體商品，思考它們各有什麼特色。

參考文獻

石原武政、池尾恭一、佐藤善信《商業學》（新版），有斐閣，2000年

高嶋克義《現代商業學》有斐閣，2002年

田島義博、原田英生編《流通入門講座》日本經濟新聞社，1997年

原田英生、向山雅夫、渡邊達朗《基礎流通與商業：從實務學習理論和機制》（新版），有斐閣，2010年

進階閱讀

石原武政《商業組織的內部編制》千倉書房，2000年

大阪市立大學商學部編《流通》（商業精選〈5〉），有斐閣，2002年

第 14 章

商業與社區營造

1. 前言

只看購物中心內部的照片，各位能否回答出是哪裡的購物中心呢？如果是商店街呢？購物中心內部的裝潢與櫃位安排，相似之處頗多，恐怕很難看照片就回答出是哪一個購物中心。反之，在商店街的部分，若能特別彰顯出在地特色，或許能回答出是那一條商店街的人，會比回答得出購物中心的人來得多。

就「商業匯集之處」這一層涵義而言，購物中心和商店街都同樣是商業聚落。不過，前者較後者更容易展現出在地的特色。說來奇怪，誠如我們在第5章當中也看過，本來應該是比較容易做整體管理的購物中心，更能展現購物中心的特色才對。這個問題，其實關係著商業如何與在地連結。

在本章當中，我們要以位在橫濱的元町商店街為例，思考商業聚落與在地產生連結的幾個原因。

2. 元町商店街的社區營造

◇元町商店街概要

元町商店街位於神奈川縣橫濱市，地點是在電車「港未來線」的元町 中華街站和JR石川站之間，是一條長約600公尺的廣域型商店街。它的起源，可上溯至江戶時代末期，也就是一八五九年（安政六年）的橫濱港開港。自橫濱開港以後，外國人便開始在山手地區的居留地落戶安居，而元町通則成為連結這些外國人居住與工作地點的日常交通要道。在這樣的發展之下，元町商店街自然應運而生，成為供應他們各式生活必需品的一條商店街。當時外國人想採購的那些商品，在日本多半都還沒有產製，所以在元町商店街的商家當中，其實不乏一樓銷售、二樓製造商品的經營模式。元町商店街也因為這樣，發展成了一條洋溢著異國風情的街道。

然而，後來由於一九二三年的關東大地震，日本各地紛紛開港，還有一些原本將據點設在橫濱外國人居留地的外國商社遷移到東京後，元町商店街便逐漸失去了往日的活力。第二次世界大戰的戰火，又讓這樣的發展局面為之一變——儘管空襲讓這裡燒成了一片廢墟，但由於戰後美國駐軍大舉從橫濱登陸，元町商店街的商家，運用了他們長期與外國人做生意所累積的專業，才得以在戰後復甦。不過，當年原本的主要顧客——外籍人士，在GHQ解除店舖接管措施後逐漸減少；到一九五〇年代中期的韓戰期間，又受到美軍基地遷往三澤和厚木的影響，使得元町商店街的顧客如雪崩般流失。這份危機感，驅使元町商店街開始啟動社區營造。

◇元町商店街的營運主體與活動

不過，元町商店街所面臨的這個危機，最終在各種努力之下安然渡過。社區營造事業的主辦單位是協同組合元町SS會（以下簡稱元町SS會）。元町SS會成立於一九四六年，原本是為了和美國駐軍協商各項事宜而成立的組織。到了一九五〇年時，元町SS會依日本的中小企業等協同組合法規定，轉型為公會組織，到了一九五二年時，才變更為目前的這個名稱。若從社區營造的觀點再進一步整理元町SS會的特徵，則可歸納出入會率高、收入豐厚，以及恪遵「社區營造協定」這三大重點。

元町SS會的入會率每年都會稍有增減，但在召募對象區域內的商家，95%以上都已入會。如果再考量到區域內還有連鎖通路和外資品牌的專賣店展店，這個入會率可說是相當高水準的數字。為提高商家入會率，元町SS會運用巧思，與在地房仲業者合作，事前告知準備到該區展店的商家：凡透過房仲找店面展店者，都必須強制入會。

收入部分則有會費收入與事業收入。會費收費金額會依商家的立地條件、樓層、面寬、店面面積、營業額和業種等而有所不同，金額從數千到數十萬日圓不等；至於事業收入的部分，除了有元町SS會名下兩棟商業大樓的租金收入之外，它們名下還有立體停車場，還負責管理信用卡事業。這些收入全都作為商店街的廣告宣傳費之用，不會用來維護、管理商店街。元町SS會還會依商家的店面面寬，收取每1公尺3,600日圓的費用，用來進行整個商店街的維護、管理，以及償還銀行貸款。除此之外，元町SS會還有補助款收入。

「社區營造協定」是在一九八五年六月時，由橫濱元町地區的多位地方人士所簽署。這項協定，是以「用一個能舒適購物的空間來款待造訪者」的待客精神為基礎，所發展出來的。具體而言，元町SS會制定了一些景觀方面的規範，例如在會員店面增建或改建時，設法排除不符在地形象的八大行業、全棟分租套房或銀行等行業，並禁止營業車輛通行在地幹道等。近幾年來，協定的適用範圍，已擴及元町SS會、其他在地商店街、民間社團和町內會這四個團體。而這一套社區營造協定，後來也匯整成了一本「元町社區營造官方規範手冊」，迄今仍是當地推動各項活動的指南。我們雖無足夠篇幅詳述協定內容，但還是要讓各位充分了解：在商店街裡，商家老闆個個都習慣了呼風喚雨、當家作主，要擬訂出這樣的協定內容，並維持它的運作，需付出相當程度的努力。

接下來，我們就要來回顧元町商店街社區營造的具體內容。當地的社區營造，大致可以分為三個時期：

◇社區營造第一期：牆面線退縮（Setback）

第一期始於一九九五年（當時正逢早期的主要顧客——外國人日漸減少，商店街為了把顧客重新找回來，才開始推動社區營造。具體的做法，是在人車不分道的道路上設置人行道。當時商店街奉橫濱市政府指示，要進行牆面線退縮，元町SS會遂請神奈川縣政府、橫濱市政府，以及橫濱銀行協助，選擇用「道路境界線後退」的方式處理，也就是所謂的退縮（Setback）。需退縮的對象範圍是商店街，總長度1,000公尺，退縮幅度為1.8公尺。而這裡是兩側都要各退縮1.8公尺，因此路寬擴大到了3.6公尺。

儘管這項措施就記錄上來看，並沒有簽訂正式的協定書，僅憑著中間商之間的共識進行，但退縮之後，打造出了一條能讓購物、逛街人潮安心走路的人行道，以及車輛行駛更順暢的馬路。與此同時，元町商店街還將整個街景都重新整頓了一番。這項歷時十年的專案計劃，成了日後塑造當地街景的基礎。

不論是當年或現在，對中間商而言，土地都是很重要的資產，因此這項社區營造措施，也曾面臨鋪天蓋地的反彈聲浪。但元町SS會的成員都體認到了「顧客流失」的危機感，包括理事長在內的幹部也發揮了強大的領導力，再加上橫濱銀行協助當地商家統一往來銀行，結果元町SS會投入了十年的時間，善加運用店面改建時機，才總算完成了退縮。

如此完成的退縮街景，後來還有了更重要的意義——那就是騎樓的功能。起初當地對於退縮措施最鮮明的認知，就是要確保道路路寬。不過後來由於一樓退縮，使得店面2樓部分向人行道外凸（照片14-1）。2樓以上部分退縮與否，是所有權人的自由，所以2

【照片 14-1　2 樓部分發揮了騎樓的功能】

資料來源：元町SS會

樓以上部分全部退縮，其實也無不可，但並沒有店面選擇這樣做。結果2樓部分反而發揮了為行人遮陽擋雨的功用。換言之，2樓部分變成騎樓，等於是打造出了一個讓行人更能舒適購物的空間。

◇社區營造第2期：重新整修道路

第2期則是在一九八五年正式啟動。本期和第1期一樣，都把重點放在硬體上，以「美化街頭景觀」和「追求與車輛共存共榮」作為目標，主要措施則是重新整修道路。具體來說，元町商店街將人車分離道路更改為人車共道，推動電線電纜地下化、路面整修，還將原本的雙線車道改為單行道。另外，元町商店街也在道路兩側交錯設置停車區，讓原本筆直的車道變成了一條S型蜿蜒的道路（照片14-2）。

道路的管轄權在政府，不論是要變更路寬、改單行道，還是要調整為S型，都是相當費事的大工程。所幸這條路本來就不算是幹

【照片 14-2　S 型彎曲的車道】

資料來源：元町SS會

道，才好不容易完成了各項更動。將道路調整為S型，可讓車輛放慢行駛速度。而這一套做法，是元町SS會到當時合作的歐洲商店街考察後，所得到的靈感。

完成整修的道路，不僅來逛街購物的行人會使用，為商家運送商品的貨車也會經過，甚至因為這條街是公有道路，所以與商店街無關的車輛也會通行。當時，日本正逐步朝汽車大眾化的方向發展，其他商店街紛紛決定禁止車輛通行，而元町商店街卻選擇了與汽車共存的道路——原因之一在於當地商家認為汽車終將成為一種時尚配件，而這樣的元素，有助於提升商店街的形象。

實際上，元町商店街在一九九六年時，還在一個設有近40個車位的計時停車場舉辦過車展，現場擺出了包括歐洲車在內的高級車款，並在展示車旁邊設置洽談區，請進口車商到場介紹。這個想法，讓元町SS會除了能因為設置停車場而有收入進帳外，也連帶拉抬了商店街的形象，甚至後來還促成了能容納大型高級進口車或高頂車的停車場到此設置據點。

到了這個時期，當地在各方面都變得比較寬裕，進駐商家也開始可由元町SS會審核，更有些土地是由商店街直接買斷，親自挑選進駐商家。會這樣做是因為當年正逢泡沫經濟時期，有些企業持有土地只是用來轉賣牟利，根本無意開店。這對必須充實商家豐富性的元町SS會而言，實在是無法坐視不管所致。

◇社區營造第3期：重新整修人行道與車道，並導入共同配送

（1）重新整修人行道與車道

第3期則是在二〇〇三年啟動。相較於第1、2期著重硬體方面的整頓，第3期則可看到在軟、硬體雙管齊下的改革措施。當時因為橫濱市營地下鐵的港未來（MM）新線即將於二〇〇四年二月通車，當地商家擔心顧客流向澀谷等地，才會選擇在這時推動第3期。

這一期在硬體方面的具體作為，是整修人行道與車道。為了提供給造訪當地的顧客更貼心的服務，元町商店街更換了人行道的鋪面，推動無障礙化，並加裝雨庇（canopy），還設置了長椅和資訊告示牌。而在第2期社區營造時用來鋪設路面的花崗石地磚，因為有意見反應不好走，元町SS會便於此時重新改用阿根廷的石材鋪面。至於雨庇的部分，則是由於元町通兩側各有1.8公尺的退縮，使得商家2樓部分形成雨庇，能幫行人遮陽擋雨，但街區與街區之間並沒有這樣的安排。於是元町SS會便在街區與街區之間加裝了雨庇，讓造訪此地的民眾逛街更方便，也為當地帶來整齊的優質景觀（照片14-1）。其他還有一些用心巧思，例如長椅、資訊告示牌，甚至是很特別的寵物飲水區等，都是為了要讓顧客有更舒適的購物體驗。

（2）導入共同配送

至於軟體的部分，則是導入了共同配送專案，也就是委託業者為元町SS會的會員商家共同配送貨物。這項措施的推動，除了是要提升商店街的吸引力之外，同時也考慮到了社區的公共面向。共同

配送的目的，一是為了要大幅減少在元町地區穿梭配送的貨車，以打造逛得舒適、安全的空間；再者則是要降低二氧化碳的排放量。這一套相當於社會實驗的機制，就在這樣的背景下展開。

共同配送的具體服務流程如下：當有貨物要配送給會員商家時，各貨運公司會先將貨物送到商店街附近（徒步約10分鐘路程）的配送中心。接著再由當地企業依收件店家進行理貨之後，裝上三輛以瓦斯為燃料的環保貨車，每日多趟分送到元町通附近的三個專用發貨站，至於從發貨站到各商家之間，則是用推車配送。反之，當會員商家有商品發送需求時，環保貨車會先收齊所有貨品，送到配送中心，接著再由各家貨運公司前來收貨，發送到日本全國各地（圖14-1）。

【圖 14-1　共同配送的作業流程】

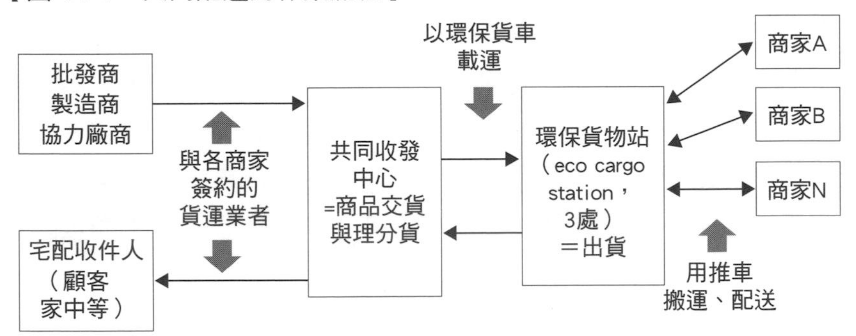

資料來源：橫山齊理、水越康介〈讓社區營造成真：零售業的外部性〉，水越康介、藤田健編著《公共、非營利的新式行銷》碩學舍，2013年，第8章，p.180

3. 商業與社區營造

以上是元町商店街（協同組合元町SS會）過往所推動的措施當中，與本章學習內容最相關的三波社區營造。然而，這種公、協會只不過是商人組織的團體，究竟為什麼非得要這麼努力地投入社區營造不可？

為了幫助各位了解這一點，接著我們就來想一想：中間商投入社區營造的理由為何？想明白商業和社區營造之間的關係，就要掌握幾個重要的觀點：商業聚落與商業的外部性、由中間商來進行社區營造的合理性，以及「營利性」、「非營利性」在商業社區營造中的關係。本節就讓我們一起來探討這些內容。

◇商業聚落與商業的外部性

觀察古今中外的零售業，就不難發現商業——尤其是零售業往往會有聚集的傾向。至於為什麼要聚集在一起，是因為商家聚集能讓整個商業聚落一起呈現商品搭配，有助於提升消費者採買時的便利性（詳情請參閱第5章和第13章）。網路世界也一樣，在網路上經營虛擬購物商城的樂天（RAKUTEN），就透過網路平台的提供，打造出商家匯集的聚落，讓購物商城化為一個整體，呈現出豐富的商品搭配，以便吸引更多顧客。

專欄14-1

商業聚落裡的依存和競爭

商業會聚集，是因為整個商業聚落的商品搭配比較豐富，能為顧客提供更多方便。這個道理，不論是在自然而然發展出來的商店街，或是在有計劃地打造而成的購物中心，或是在像樂天這樣的網路商城，其實都一樣適用（詳情請參閱第 5 章）。整個商業聚落的表現好壞，端看聚落內部的業者之間能發展出什麼樣的競爭關係。

在商業聚落內部，業者基本上會彼此競爭，以爭取顧客的青睞。這時會有兩種競爭型態：一是輕易仿冒暢銷商品（也就是跟風銷售相同商品），彼此搶客（同質性競爭）；另一種就是仔細觀察自家顧客，為他們提供不同於其他商價的差異化價值，以贏得顧客青睞（創造性競爭）。

若考慮商業聚落整體的永續性，後者這個模式的好處當然會比較多——畢竟如果每個商家都對自家顧客提供最佳化的選擇，那麼整個商業聚落就會成為「各路人馬提供各式價值的場域」。就這個角度而言，商業聚落整體的表現如何，端看商家老闆的眼力好壞與努力多寡；而當商業聚落整體的表現好轉，吸引到的顧客人數也會增加。所以從結果來看，商業聚落裡個別商家的表現好壞，還是要依附商業聚落裡其他商家的表現。

換句話說，在商業聚落當中，從個別業者的角度來看，商家彼此都是勁敵；但從整個聚落的角度來看，他們都是彼此的靠山。如果聚落裡的商家能彼此切磋砥礪，商業聚落就會蒸蒸日上、大展鴻圖；如果業者彼此勾結串通，約定聚落內由誰銷售哪些商品；或商家彼此陷入意氣之爭，大打價格戰時，整個商業聚落的表現就會變差，陷入惡性循環。

就現況來說，誠如各位在第 5 章所見，購物中心較能巧妙地管理好商家之間的依存與競爭，商店街則比較難以妥善管理。至於網路商城的部分，即使平台營運商有心投入管理，虛擬空間畢竟不受限制，開店商家太多，資訊量也不如實體門市那麼充足（無法實際碰觸商品，或與店員交談），因此往往容易流於價格競爭。

不論在實體或虛擬通路，商業聚集的優點都一樣。不過，網路門市因為有一些實體門市所沒有的面向，因此平台本身的可靠度顯得特別重要。畢竟交易過程中有任何問題，實體門市隨時都能讓你我登門客訴，網路門市就難做到這一點了。實體門市無法輕鬆銷聲匿跡，所以尚且還能擔保可靠。再加上實體門市是一個物理性的存在，在社區裡扮演了很重要的角色——「物理性的存在」是一大關鍵。

前面我們所探討的「元町商店街」個案當中，1樓部分的退縮，讓來到當地的民眾逛得更方便，同時還發揮了騎樓的功能。分屬不同事業體的生意人團結一致，為這條商店街催生出了「雨天不用撐傘也能享受逛街樂趣」的物理性優勢。不僅如此，此舉更為元町商店街營造出了井然有序的氛圍。

綜上所述，我們可以明白：「店面」這種物理性的存在，會影響社區的功能和景觀——這就是我們在第1章所提過的「商業的外部性」問題。光是一家店面，對街景的影響力還無足輕重，但商業往往都有匯集的的傾向，因此當聚落規模越來越大時，它的存在，就不再只是一個逛街購物的場所，對當地社區景觀也會帶來相當深遠的影響。而這就是擁有實體門市的零售業者，對社區營造不能置身事外的原因所在。

◇由商家來進行社區營造的合理性

還有一個原因是：對於符合某項條件的商家而言，推動社區營造，是為了追求永續經營的合理決策。舉例來說，商家當然也可以各行其是，各自爭取想要的目標客群。萬一日後所在地點變得髒亂破敗，造訪當地的人潮銳減，商家只要離開這裡，再找個吸引人的新地點重起爐灶即可——這樣的想法當然成立，況且就經濟層面而言，說不定這樣做才是比較合理的選擇。對於企業而言，像元町商店街這樣的社區管理規範，可能會是在將自家門市打造成最適合目標客群的樣貌之際，形成一塊絆腳石。因此，資金雄厚的連鎖店之所以會反覆開了又關，就是因為這樣是比較符合經濟效益的做法。

然而，也有些商家選擇一直停留在同一個地點。停留的原因五花八門，有些微型商家資金左支右絀，根本沒有搬遷的餘裕；或許也有些商家是出於對土地深厚情感。不論是什麼因素，若想讓生意永續經營下去，就要擬訂社區規範，並確實遵守，還要捨我其誰地站出來為社區付出，才能提升造訪民眾對社區的滿意度。元町商店街的社區營造，就是這些努力的結果。

從效率性、合理性的觀點來看，退縮會使店面面積縮減，就生意上而言是不利的；而從順利推動商家業務的觀點來看，參與共同配送體系，或許也是不利。然而，這種不會馬上有利可圖的活動，若改以更長期的、更宏觀的觀點來看，的確有可能成為推升顧客滿意的的要素。因此，對於那些長年都在同一塊土地上營生的商家而言，社區營造固然不會創造出短期的、直接的利潤，但可視為具備間接、長期優勢的商業營利行為。

◇商業社區營造中的營利性與非營利性

可是，社區營造當中的營利性與非營利性，關係並不只是「事情的一體兩面」那麼單純，因此也加深了我們在理解「商家為何推動社區營造」時的難度。讓我們更謹慎地來探討這個問題。

商業是一種營利活動，這一點早已毋須贅述。商家採購商品後再轉賣，藉以從中獲取利潤——不論商家從事什麼樣的活動，這個前提都如影隨形。只要是做生意的商家，就擺脫不了這個問題。然而，商家所從事的行為當中，究竟哪些是營利，哪些又是非營利，在行為當下還無法清楚地確定——我們不妨再回顧一下元町商店街社區營造的案例，一邊想一想這個問題。

在社區營造第1期所執行的退縮，可說是在「店面」這個對商家而言最重要的私人空間中，限縮了一樓的部分面積，用來為「道路」這個公共空間加裝雨庇。此舉有利招攬顧客上門，因此可說是私人行為；但從「為社區創造賞心悅目的景觀」這個觀點來說，又創造出了公共利益。實際上，因為做了退縮之後，「營利行為有時可創造出非營利的價值」這個認知，才深植於商家心中，也帶動了日後商店街活動的持續運作。

而在第2期當中，我們也看到了透過推動「設置人行道車道並存道路」和「電線電纜地下化」，來整頓街道空間的過程中，營利性和非營利性呈現了相當複雜的樣貌。要將原本供汽車往來通行的雙線道改成單線道，再於道路兩側輪流設置停車區，為顧客打造出了更舒適的空間。除此之外，這樣的道路設計，也能讓往來通行的汽車主動減速，讓那些與購物、逛街無關的行人，也能安全、放心地用路。而這條道路的景觀，更成了社區的一大特色。

專欄14-2

營利性與非營利性在商業社區營造中的複雜關係

零售業由於基本特質的關係，往往呈現聚集的傾向。而這種密集性，也使得門市、道路、汽車與行人的物理性的元素，影響力變得舉足輕重。零售業本身雖為私人活動，但它有物理性的門市店面，又會聚集結市，所以會將配送貨車等汽車和造訪民眾匯集到一個特定區域，而這件事對社區的影響甚鉅。

於是商業與社區之間，產生了無從迴避的連結。商店街既是私人空間，也是公共空間；既是公共空間，也可能是私人空間。對商家而言，這件事意味著營利活動只要換個角度，就會看到它的公共色彩；而非營利的活動也只要換個角度，就會看到它的私人色彩。

倘若商店街和商家（在社會期待的驅使下）有意透過社區營造來提升公共性和非營利性，那麼方法不會是從社區營造活動中排除私人色彩和營利性，而是要預期在公、私性質兼具的狀態，甚至是預期私人色彩和營利性可巧妙地翻轉成公共性、非營利性，持續深耕。

不過，偶爾我們也會看到一些商家，非常熱衷參與那些看不出和本業生意有何關聯的活動。這樣的活動，與其說是商業，其實更該算是義工行為。在早期還沒有 NGO 團體的時代，這些活動在地方上應該是很寶貴的善舉；然而時至今日，商家即使要投入社區營造，也必須先有「一切都應與商業行為有關」的認知，而不是所有「對地方上有益的事」，都非得要在地商家照單全收不可。

至於在第3期的「整修人行道與車道」和「導入共同配送」方面，道路和門市，都因為有了「配送貨車」這項元素，而必須與社區有所關聯——元町商店街將它當作一個問題來看待，並打造出了優美景觀與舒適的購物空間。而這些非營利的措施，提升了元町商店街的形象，且就結果來看，對造訪人數的增加也有所貢獻。

4. 結語

在本章當中，我們回顧了元町商店街社區營造的案例，並且討論了商業與社區營造之間的關係。透過案例，我們也看到商家原先以營利為目的所從事的活動，有時會帶有公共性色彩；而非以營利為目的公共活動，有時也可能會帶來營利效益。

只要零售業會開設物理性門市，且彼此聚集做生意，那麼零售業和社區之間，就有著密不可分的關係。零售業既是營利活動，當然就會以私人考量為基礎；而社區屬於公眾，自然就會以公共的思維為基礎。「私人＝營利」和「公共＝非營利」的概念千絲萬縷、交錯混雜，使得商業與社區營造的關係變得更為複雜。再加上商店街裡的那些商家，基本上個個都是習慣了呼風喚雨、當家作主的老闆，不僅業種五花八門，對商店經營的想法也各有不同，本來很難擬訂出共同的目標，更何況是要他們遵守協定之類的規範，更是難如登天。而商業社區營造的成功，就是在跨越上述這些難關之後，才總算成就的結果。

❓動動腦

1. 商家必須參與社區營造的原因為何？
2. 有實體門市的商家，和只做線上生意的商家有何不同？
3. 一個熱鬧蓬勃的商業聚落，和暮氣沉沉的商業聚落有何不同？

參考文獻

石原武政《零售業的外部性與社區營造》有斐閣，2006年

神奈川新聞社編輯局編《元町的奇蹟》神奈川新聞社出版局，1997年

水越康介、藤田健編著《公共、非營利的新式行銷》碩學舍，2013年

進階閱讀

石原武政《社區營造中的零售業》有斐閣，2000年

石原武政《商業、社區營造口辭苑》碩學舍，2012年

田中道雄《社區營造的結構：從商業的觀點出發》中央經濟社，2006年

第 15 章

產銷合作的發展

1. 前言
2. 從投機因應轉型為延遲因應
3. 延遲因應促成產銷合作的實現
4. 結語

1. 前言

「回應需求」是流通的基本工作，也是永遠的主題。但要做到這一點，其實並不容易，甚至難度還有逐漸升高的趨勢。例如主攻年輕客群的服飾通路，每兩週左右就會將店內銷售的商品搭配全部換新；便利商店的御飯糰則是每天配送、補貨3次。它們都是基於「回應顧客需求」的考量，所擬定的銷售方式。但從生產商品到在店頭陳列的這段過程，兩者之間的操作形態卻是大相逕庭。

首先要看的是服飾。服飾基本上是以大量生產為原則，所以同一款式的商品會一口氣生產非常多。面對變化快速、令人眼花撩亂的需求，廠商只能不斷地出清通路庫存，再迅速調整商品搭配來因應。這是傳統的流通形態，也就是盡可能在流通端將已事先產製出來的商品銷售完畢。實質需求（實需）原本是在消費者購買當下才發生，但生產、存貨量的決策，卻是先認定市場上一定會有需求，而在更上游階段就提前進行。這種預估生產、銷售的方式，我們稱之為投機決策。

相對的，便利商店則是頻繁地將實需資訊——也就是「賣場上實際賣掉了哪些商品」等內容告知生產者，並依此調整商品生產的種類和數量，再密集地追單、補貨。這是以賣場為起點，從生產到流通共同回應需求的形態。相較於前面介紹的服飾大量生產，在這種形態當中，業者選擇將生產、存貨量的決策延遲到更下游的階段才進行，我們稱之為延遲決策。

「回應需求」的難度越來越高，於是這些延遲策略便應運而生。它們參考接單生產、銷售機制，試圖朝這個目標靠近，是一種商品流通的新手法。而這一套手法，也為生產和銷售的分工關係，催生出了不同於以往的新風貌。

在本章當中，我們要來思考目前在流通現場所看到的這些需求因應的延期策略，究竟包括了哪些內涵，同時也要探討生產與銷售之間，為什麼會從傳統逐漸演變成如今的分工關係。

2. 從投機因應轉型為延遲因應

當年在日本高度經濟成長期時，曾有人形容說商品是「飛也似的賣掉」、「做多少都賣得掉」。這些說法當然不免有些誇大的成分，但社會上確實頗有這樣的氛圍。當需求的同質性高，只要用相同的商品就能滿足大多數民眾，且需求變化相當和緩時，生產者只要大量生產、大量銷售區區幾種商品即可。就算多少留下些許庫存殘貨，放到下個年度一定賣得掉。在這樣的狀態下，或許的確會有「做多少都賣得掉」的切身 感受。

然而，自一九八〇年代中期起，社會上開始出現了需求個性化、多樣化的呼聲，情況也為之一變——生產端從少品項大量生產，轉為多品項少量生產，商品的壽命也逐漸變短。如此一來，賣剩的商品就不能留待明年再賣。製造商必須以「季」為單位，推出多種品項，配合市場需求進行生產，管理庫存。

很多人說現在市場上的風險越來越高，那是因為實在很難預估每項商品的需求，生產太多會有庫存殘貨，生產太少又會售罄缺貨。要先掌握實質需求，再生產、採購，應該就能消除這樣的市場風險，這就是所謂的接單式或訂單式生產。不過，這種回應市場需求的方式，不僅消費者要經過漫長等待才能取得商品，還有許多其他問題。例如下單數量多寡不均，導致工廠稼動率下降，物流貨車必須休班等，讓企業在業務運作上造成很多無謂的浪費。此外，這樣的生產方式無法構成大量生產、大量銷售，所以也很難追求規模經濟的效益。

換言之，「接單式生產」這種因應方式，會受到不知何時降臨的需求擺佈，反而墊高成本，價格相對也變得比較昂貴。它雖然是個用來降低風險的好方法，但多數商品在接單式生產上的效益表現，其實會顯得很不切實際。

而最好的答案，看來應該是介於存貨式（投機化）和訂單式（延遲化）生產之間——也就是盡量延遲預估生產、銷售的決策時機，讓它趨近於接單生產、銷售的狀態，以提高生產效益。如何將這兩個乍看之下互相矛盾的選項整合，將是一大課題。以下我們將先帶領各位認識「投機」和「延遲」的基本概念，再以便利商店為例，探討逐漸取代傳統投機式需求因應的「延遲因應」，是如何向訂單式生產靠攏。

◇投機與延遲的概念

在流通理論當中的「投機」，意思是指在產銷結構的更上游處進行商品的生產與採購，和投資股市等短期套利的負面意涵有所區隔，請各位特別留意。而「延遲」正好相反，是要將決策盡量延遲到終端消費者選購之前。我們可以舉一個生活周遭的例子來說明：和朋友約見面時，事先決定好時間、地點，就是「投機」；先出了門才用手機互相聯絡，就是所謂的「延遲」。

投機和延遲都各有一些優缺點（表15-1）。先看到投機的部分，投機由於可做到存貨型的大量生產、大量銷售，因此可帶來規模經濟的效益，壓低單位成本，降低商品單價。又因為有大量庫存備貨，故可避免因為缺貨售罄所造成的機會損失。從消費者想選購，到實際取得商品為止的這段調度時間也相對較短。不過，它的缺點是業者會搶在實需發生前就開始產製、進貨，以致於出現滯銷殘貨的風險（市場風險）大增。

相對的，延遲是將生產和存貨量的決策時間點盡量延後到消費者購買前，也就是趨近訂單式的型態。它最大的優點，就是可以降低不確定性，縮小市場風險（圖15-1）。不過，它的缺點和接單生產、銷售一樣，就是單位成本上升，導致價格居高不下，交付商品給消費者所需的調度時間也會拉長。

【表 15-1　投機與延遲取捨關係】

	優點	缺點
投機	有效率 不易缺貨 調度時間短	市場風險高
延遲	市場風險低	效率差 易缺貨 調度時間長

【圖 15-1　投機與延遲取捨關係】

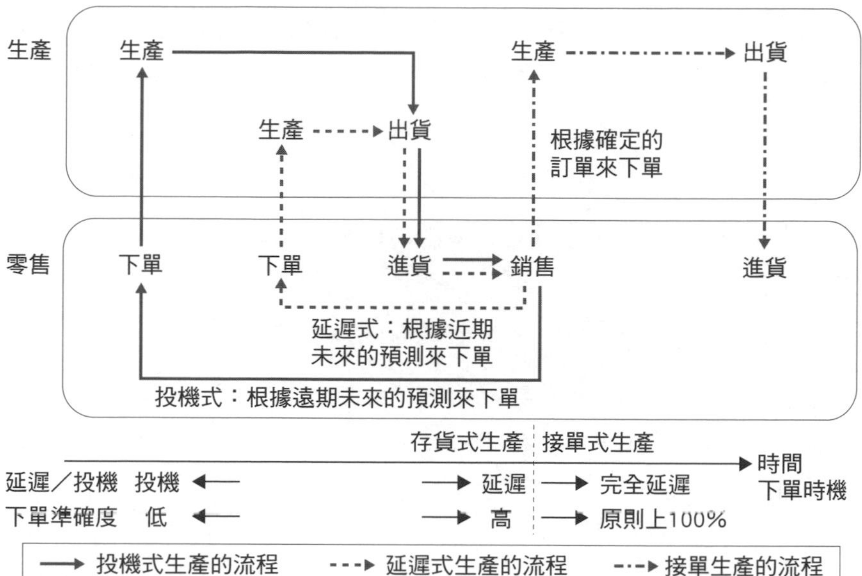

◇銷售週期縮短

誠如我們在第3章和第6章所述，相較於其他零售通路，便利商店有幾項顯著的特色。第1是賣場面積狹窄（平均約為100平方公尺），第2是在有限的賣場空間中，陳列了非常多項的商品（約3,000個品項。這裡所謂的品項，是指item和SKU：Stock Keeping Unit，即「最小庫存管理單元」）。第3是頻繁更換這些店內商品，以確保店頭隨時都只陳列暢銷商品。第4則是因為沒有寬敞的後場倉庫，所以庫存量很少。

具備上述這些特色的便利商店業態，在營運上之所以能成立，無疑就是延遲因應所帶來的成果。簡單來說，POS資訊（point of sale，銷售時點資訊）會即時傳送到工廠，工廠在接到資訊後，再少量生產，並一再重複這樣的循環。另外也會運用EOS（Electronic Ordering System，電子訂貨系統）和EDI（Electronic Data Interchange，電子資料交換），讓門市賣出多少商品，就叫多少貨。再運用高密度的物流系統，落實執行少量高頻率配送（每次到貨量少，但配送次數多）。因此，儘管便利商店隨時都處於庫存極少的狀態，但銷售的卻是琳瑯滿目的暢銷商品，這就是延遲式的需求因應。

換言之，從便利商店為了進貨而向供應商下單，再到商品進貨之間的這段時間（訂購前置時間），以及從進貨後到商品銷售給消費者為止的這段時間（店頭庫存期），加總起來就是所謂的銷售週期（sales cycle）。便利商店會把這個銷售週期盡可能壓縮到最短（圖15-2）。

【圖 15-2　銷售週期】

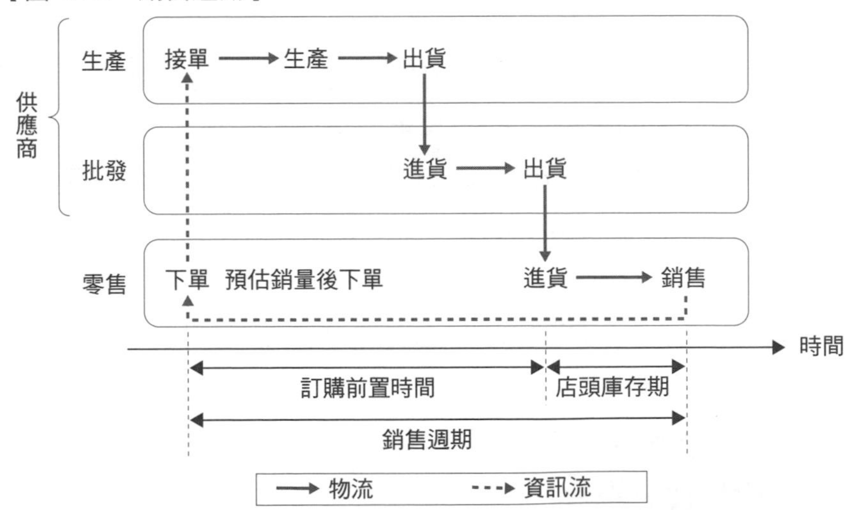

如上所述，便利商店以少量高頻率配送為前提，不僅大幅壓縮店頭庫存期，還明顯地縮短了銷售週期——和需求預測期間長、店頭庫存量多的投機式傳統需求回應相比，這一點正是兩者之間最根本性的差異。結果，便利商店省去了多餘的庫存量，成功提升了商品週轉率，而且店頭商品再怎麼換，永遠都是最新鮮暢銷的品項。下單補進的店頭庫存，不是為了要用來調節供需，而是等著馬上就要被買走的存貨。這樣的庫存，我們有時會稱之為轉運存貨。它讓存貨延遲到顧客購買前才形成，是延遲式流通最典型的案例。

如此一來，零售業就必須連上游的生產也積極關注。於是傳統上對商品流通過程的分工，也就是生產者負責生產，中間商負責銷售的角色分配，也都開始鬆動。換句話說，零售商自從有能力運用店頭的需求資訊後，便開始積極地介入商品開發與生產。例如日本7-Eleven絕大部分的便當菜色，都是與生產者共同開發而來；店內甚至還有銷售和選貨店合作開發的文具。在這裡，我們已經看不到昔日那種坐等生產者開發，自己只負責採購商品來銷售的傳統零售商。

不過，我們必須特別留意的是：流通的角色分配開始鬆動，並不全然只是因為零售商介入生產，當中其實還包括了生產者積極想和零售門市深化連結，所發動的諸多作為。無論如何，成功將需求資訊化為數據資料，並妥善運用的企業，就很有可能站出來引領這樣的趨勢。

專欄15-1

生產與流通當中的存貨週轉率

所謂的存貨週轉率，是指用營收（產量金額）除以存貨金額（零件金額）所得到的值，以計算出存貨（零件）在一定期間內可週轉幾次。現在，若在營收不變的情況下，要提高存貨迴轉率，就只要降低每次進貨的平均存貨金額，再反覆操作這樣的進貨方式即可。換言之，即使一次大量進貨，營收也同樣不變，所以只要存貨週轉率越高，就能用較少的資金，創造出相同的營收，等於是事業的資金運用效率較佳。

此外，當商品或零件的改版速度加快，產品生命週期越來越短時，存貨週轉率高的賣家就能更有優勢。畢竟一次採購大量庫存，不僅會讓新鮮的商品、零件無法持續進貨，往往還會讓手頭上的庫存淪為不良存貨。又或者是以製造業的情況而言，若想藉著商品的推陳出新來保持市場領先地位，更是必須提高存貨（零件）週轉率。

現今市場的不確定性越來越高，需求的不穩定性也攀升。若無法維持商品鮮度，並在正確的時機供應給顧客，將成為致命的問題。因此，無論是哪一種事業，「提高存貨週轉率」已逐漸成為取得競爭優勢的前提要件。

不過，要打造一個高存貨週轉率的事業，就必須將日常那些稱不上是有效率的、瑣碎的作業化為規則慣例，並反覆操作才行。近年來，資訊科技的創新，提供了相當多的支援，大幅緩解了我們在處理例行公事上的負擔，這一點想必已毋需贅述。

3. 延遲因應促成產銷合作的實現

◇零售主導的產銷合作

前面我們探討過的這些延遲因應之所以能夠實現，是因為零售通路回傳的資訊能一路暢行無阻地傳到生產端，再化為商品，並順利地在零售通路的店頭陳列出來。而這樣的連結，若少了生產者、批發商與零售商的協助、配合，根本不可能做到，我們稱之為產銷合作。

所謂的產銷合作，是指個別企業在生產、物流和銷售方面的一連串活動上連動，以落實達到少量高頻率配送和存貨週轉率提升（延遲對應），並有效執行生產及庫存管理的一套機制。其中最關鍵的重點，就是資訊整合，意即透過資訊共享來協調各項活動的進行。而要設計出這樣的機制，必須先有物流、資訊方面的技術創新，才能做到。

在過去那種投機式生產、銷售的體制下，先是有掌握流通主導權的大型生產者，透過管理系列銷售據地點的方式，將大量商品塞進了配銷通路；後來，改由規模壯大的零售商掌握主導權，壓低採購價格，建構了龐大的商品搭配。不論是哪一種方式，都在配銷通路上形成了大量存貨，藉此來進行各種必要的供需調節。而滯銷殘貨總成為引爆各流通階層互相塞貨的導火線，或造成需求預估上的誤差。然而，在延遲因應策略開始普及後，情況為之一變。

對延遲因應的認知開始萌芽後，大型零售商便積極將自身的力量投入流通延遲化的發展。例如便利商店那一套以延遲因應為前提的「少量高頻率配送」，就是要求供應商扛起相當程度的負擔。在發展過程中，便利商店以權力關係為基礎，管制供應商的活動，以建立、維持彼此良好的長期合作關係。

這樣的關係一旦走偏，恐怕就會是權力較大的便利商店業者，單方面地將負擔加諸在供應商身上，到最後恐將淪為像第12章探討的那種「濫用相對優勢地位（專欄12-1）」。屆時不僅供應商的負擔暴增，配銷通路上還會出現很多勉強硬撐或無謂浪費，以致於根本無力達到穩定的延遲因應。在由零售商所主導的產銷合作當中，將市場風險換算為費用負擔金額，並規劃如何分擔，也是零售商的任務。

於是便利商店想出了一套解決方案，那就是在供應商與門市之間開設中繼配送據點，要供應商透過間接配送的方式，將商品配送到日本全國各門市。即使是像便利商店這種單獨經營，且高度發展延遲因應的企業，要長期維繫「設置中繼配送據點」這一整套機制，仍屬不易。說穿了，這其實透露出了一個訊息：便利商店還是必須將它們與供應商之間的風險分擔結構，重新調整至適當狀態。

這裡我們特別突顯了便利商店是如何讓生產與流通的延遲因應化為可能，但並不表示它們已經到了訂單式生產的境界——就讓我們再來看看這一點。生產端仍然一如既往，帶有預估的成分；便利商店下單叫貨時，也並沒有完全排除預估的要素。不過，這一套解決方案和投機式因應之間，有一個根本性的差異——那就是生產和下單採購的決策時機，已極盡所能地逼近消費者選購的時間。除天災地變等特例狀況之外，通常預測期間越短，預測的準確度就越高。因此，延遲因應能提升需求預估的精準度，進一步降低市場風險。

◇分散風險讓延遲因應更有效率

接著，就讓我們再來進一步思考便利商店設置中繼配送據點的意義。在設置中繼配送據點的同時，便利商店還做了另一件事，那就是將已有合作關係的特定生產者、批發商的交易，歸納成為幾個類別，並推動物流的共同配送。便利商店在各區域的多家門市之上，設置中繼配送中心，以作為共同配送的窗口。在這個階層就先為各門市安排品項搭配，甚至連驗收作業也統一提前到這裡進行，並依數據資料分析結果，進行有計劃又有效率的商品搭配調度。如此一來，就算門市是以小批量下單，但便利商店業者仍能將它們轉為整合為一張大批量的訂單，向生產者下單。我們在第13章（專欄13-2）學過的「交易計劃性的濃縮」，竟在零售商的主導下得以實現。

整合配送能提升貨車的裝載效率。而當商品要以少量高頻率的方式，迅速地從配送中心送到各門市時，這樣的混裝物流不僅能降

【圖 15-3　待補】

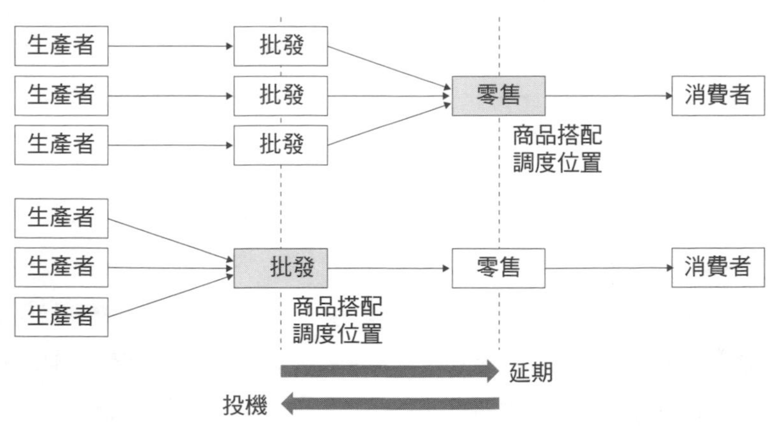

低配送頻率，在門市密度高的優勢展店區域，配送效率更佳。在便利商店推動這些配送措施後，門市只要專心提高存貨週轉率即可，因此也帶動了門市業務的省力化。換句話說，便利商店是透過和上游的批發階層（中繼配送據點）發展產銷合作關係，來移動商品搭配調度的位置，讓「有效率的延遲因應」得以持續運作（圖15-3）。

讓我們從商品搭配調度位置的投機與延遲出發，來看看這一套機制。在生產者掌握主導權的系列化體系之下，流通被依業種切割，消費者需要食材，就必須跑好幾家食品商行，才能買到齊想要的商品。換言之，商品搭配調度的位置，已經被延遲到了消費者階層。不過，食品超市等業態登場後，推出了豐富的品項，讓消費者可以一站式購足。也就是說，這時商品搭配調度的位置，已經投機到了零售階段；而已建置了中繼配送據點的便利商店，則是投機到了更高一層的批發階層。

綜上所述，各位應該可以理解：原本應該已經致力於在生產與下單採購方面推動延遲因應的便利商店，就「商品搭配調度位置」這件事來說，卻反而是採取了投機策略。誠如前面提過，這是因為在兩相矛盾的同時，其實投機要素才能為延遲因應帶來更好的效率。

如今，加緊腳步投資物流、資訊技術的特定供應商和便利商店之間，已不必再因為判斷扭曲、互相拉扯，導致彼此互塞多餘存貨的狀況。兩者之間可獲得「共享長期成果預估」、「找出更穩定的成本分攤與角色分工」等效益——因為生產、銷售流程一貫的資訊共享，若能再發展到成本資訊透明化，那麼就只要供應商和便利商

專欄15-2

產銷合作與自有品牌生產

過去長期以來，主宰整個流通的，是早期實力無與倫比的實力派生產者。因為以往這些生產者的全國性品牌（NB）受到無數顧客的擁戴，中間商只能仰賴部分生產者進行許多採購業務，導致它們在與生產者之間的權力結構上居於劣勢。

然而，誠如我們在正文當中所見，近年來，許多規模龐大、挾大量資訊作為競爭武器的實力派零售商，勢力已凌駕在生產者之上。此外，零售商行使主導權的形態，如今已不再只是蠻橫地要求供應商降價，而是逐漸轉往新的方向發展。變化之一就是由零售主導的產銷合作趨勢，另一項則是自有品牌生產。

自有品牌（PB）是指掛上零售商獨家品牌的商品，或也可能是指那個品牌。零售商會如此挖空心思地參與商品研發，掌控生產者的活動，而不再只是甘於採購全國性品牌（NB）來銷售，基本上都是因為導入 PB 商品後，能同時兼顧「低價銷售路線」和「確保企業利潤」的緣故。近來甚至還有零售商導入了高附加價值的 PB，讓自家商品搭配可與其他競爭者做出差異化，也成了零售商發展 PB 的一大主因。

在這一波 PB 生產熱潮當中，特別值得關注的，是生產者和零售商在產銷合作的延長線上，所推動的共同商品開發。挾大量資訊作為競爭武器的零售商，本來就握有大量的購買數據資料，再加上固定的產銷合作過程中，雙方會有很多數據共享往來，如此不斷累積之下，運用它們來共同進行產品開發，或許可說是極其自然的發展。

店各自努力減少存貨，並進行定型化且有效率的活動調整，產銷合作機制自然就會達到整體最佳化，或有助於放大結合效益。

綜上所述，在零售業者主導下展開合作的流通夥伴，若能在推動「延遲式需求因應」的過程中，深入參與彼此的生產、庫存管理等業務，想必日後雙方關係就很有可能朝更進一步的階段——也就是共同開發商品的PB生產階段發展。

4. 結語

在本章當中，我們以便利商店為例，探討目前在流通各階層的市場風險日益升高之下，業者為求更有效率地因應，所做出的改變與應對。

業者其實是針對投機式生產與流通採取延遲策略，也就是以近似訂單式生產的方式來面對風險，不過事情並沒有那麼簡單。延遲會增加成本，而撙節成本是投機式的做法。況且延遲式需求因應，並不是單一賣家就可以完成的。於是便利商店利用產銷之間的權力關係，透過零售主導的產銷合作，在延遲策略的做法中融入了投機策略的元素，以確保整個機制的運作效率。

以往，存貨有一項功能，就是用來反映賣方的需求預估。如今這項功能已被反映了實質需求的銷售時點資訊所取代。商品的實體庫存換成了需求資訊，各類營運操作都會視資訊內容靈活調整。所以，今後配銷通路更會持續在零售商的主導下洗牌、重整。不過，儘管由零售商所主導的產銷合作，是運用雙方的權力關係發展而來，但它對權力關係的運用，和以往在生產者主導的系列交易當中，生產者為創造出局部最佳的封閉式主從關係，而動用權力關係的做法，在性質上可說是大相逕庭。零售商主導的產銷合作，時時都要兼顧延遲因應的前提，因此相對算是比較對等且開放，而不是只考慮零售商的利潤或決策。

這樣的產銷合作，正因為是對等而開放的分工關係，所以在組織化的過程中，難免伴隨著一些不穩定。不過，在現代流通的現場當中，至少就責任上而言，不僅是零售業者，其他流通階層將來也都必須共享需求資訊，以追求配銷通路整體的最佳化——因為若只尋求局部最佳化，那麼配銷通路上一定會有某些地方出現存貨，到頭來反而徒增自己在市場上的風險。產銷合作的發展趨勢，和信任關係的形成過程相似，是一種在傳統流通機制當中沒有的元素，堪稱是在延遲式需求因應問世後，在流通機制上的一大特色。

?動動腦

1. 請從生活周遭找出一種重視庫存鮮度管理（要保持高存貨週轉率）的商品，並根據實際銷售狀況，想一想它必須重視庫存鮮度管理的原因為何？
2. 每一種交易關係，都會在以「市場交易」（不同個體之間的一次性交易）和「組織交易」（組織內部就必要物資互通有無）為兩端的光譜上找到落點定位。想一想「產銷合作」會落在光譜的哪個位置上，以及其背後的原因為何？
3. 在產銷合作或供應鏈上，成員之間雖保持對等而開放的關係，但實際上加入或退出的自由度並不高。請想一想究竟是為什麼，並整理其背後的原因。

參考文獻

石原武政《商業組織的內部編制》千倉書房，2000年

岡本博公《現代企業的產、銷整合：汽車、鋼鐵、半導體廠》新評論，1995年

田村正紀《流通原理》千倉書房，2001年

矢作敏行《便利商店系統的創新性》日本經濟新聞社，1994年

矢作敏行、小川孔輔、吉田健二《產銷整合的行銷系統》白桃書房，1993年

路易・巴克林（Louis P. Bucklin）《配銷通路結構論》（A theory of distribution channel structure）千倉書房，1977年

進階閱讀

石原武政、石井淳藏編《產銷整合》日本經濟新聞社，1996年

大阪市立大學商學部編《流通》（商業精選〈5〉）有斐閣，2002年

高嶋克義《現代商業學》有斐閣，2002年

田島 悟《生產管理的基礎與機制》animo出版，2010年

作者介紹（依章節順序排列）

石原　武政（Ishihara Takemasa）............第1章

大阪市立大學榮譽教授

坂田　隆文（Sakata Takafumi）............第2章

中京大學　綜合政策系　教授

渡邊　孝一郎（Watanabe Koichiro）............第3章

香川大學　經濟系　副教授

清水　信年（Shimizu Nobutoshi）............第3章

流通科學大學　商學系　教授

渡邊　正樹（Watanabe Masaki）............第4章

東京理科大學　經營學部　教授

西川　英彥（Nishikawa Hidehiko）............第4章

法政大學　企管系　教授

濱　滿久（Hama Mitsuhisa）............第5章

名古屋學院大學　商學系　教授

細井　謙一（Hosoi Kenichi）............第6章

廣島經濟大學　經濟系　教授

藤田　健（Fujita Takeshi）............第7章

山口大學　經濟系　副教授

大野　尚弘（Ohno Takahiro）............第8章

金澤學院大學　企管資訊系　副教授

西村　順二（Nishimura Junji）............第9章

甲南大學　企管系　教授

竹村　正明（Takemura Masaaki）............第10章

明治大學　商學系　教授

山內　孝幸（Yamauchi Takayuki）............第11章

阪南大學　企管資訊系　教授

田中　康仁（Tanaka Yasuhiro）............第12章

流通科學大學　商學系　副教授

高室　裕史（Takamuro Hiroshi）............第13章

甲南大學　企管系　教授

橫山　齊理　（Yokoyama Narimasa）............第14章

法政大學　企管系　教授

田村　晃二（Tamura Koji）............第15章

大阪市立大學　商學系　副教授

新商業周刊叢書　BW0776

從零開始讀懂流通業

原文書名／1からの流通論【第2版】
作　　者／石原武政、竹村正明、細井謙一
譯　　者／張嘉芬
責任編輯／劉芸
版　　權／黃淑敏、翁靜如、吳亭儀、邱珮芸
行銷業務／周佑潔、林秀津、黃崇華、劉治良

總 編 輯／陳美靜
總 經 理／彭之琬
事業群總經理／黃淑貞
發 行 人／何飛鵬
法律顧問／台英國際商務法律事務所 羅明通律師
出　　版／商周出版　台北市中山區民生東路二段141號9樓
電話：(02)2500-7008　傳真：(02)2500-7759
E-mail：bwp.service@cite.com.tw
發　　行／英屬蓋曼群島商家庭傳媒股份有限公司 城邦分公司
台北市104民生東路二段141號2樓
讀者服務專線：0800-020-299 24小時傳真服務：(02) 2517-0999
讀者服務信箱E-mail: cs@cite.com.tw
劃撥帳號：19833503 戶名：英屬蓋曼群島商家庭傳媒股份有限公司城邦分公司
訂購服務／書虫股份有限公司客服專線：(02) 2500-7718；2500-7719
服務時間：週一至週五上午09:30-12:00；下午13:30-17:00
24小時傳真專線：(02) 2500-1990；2500-1991
劃撥帳號：19863813 戶名：書虫股份有限公司
E-mail: service@readingclub.com.tw
香港發行所／城邦(香港)出版集團有限公司
香港灣仔駱克道193號東超商業中心1樓
電話：(825)2508-6231　傳真：(852)2578-9337
E-mail：hkcite@biznetvigator.com
馬新發行所／城邦(馬新)出版集團
Cite (M) Sdn Bhd
41, Jalan Radin Anum, Bandar Baru Sri Petaling, 57000 Kuala Lumpur, Malaysia.
電話：(603) 9057-8822 傳真：(603) 9057-6622 E-mail: cite@cite.com.my

國家圖書館出版品預行編目(CIP)資料

從零開始讀懂流通業：一本掌握便利商店、百貨公司、網路零售、批發商、中間商、物流運籌的基礎/石原武政, 竹村正明, 細井謙一著；張嘉芬譯. -- 初版. -- 臺北市：商周出版：英屬蓋曼群島商家庭傳媒股份有限公司城邦分公司發行, 2021.07
面；　公分
譯自：1からの流通論
ISBN 978-986-0734-88-1(平裝)

1.物流業

496.8　　110009104

封面設計／黃宏穎　　內頁設計排版／劉依婷
印　　刷／鴻霖印刷傳媒股份有限公司
經 銷 商／聯合發行股份有限公司　電話：(02)2917-8022　傳真：(02) 2911-0053
地址：新北市231新店區寶橋路235巷6弄6號2樓

2021年07月13日初版1刷

ISBN：978-986-0734-88-1(平裝)　版權所有・翻印必究（Printed in Taiwan）
ISBN：9789860734898 (EPUB)
定價／450元

城邦讀書花園
www.cite.com.tw

廣　告　回　函
北區郵政管理登記證
台北廣字第000791號
郵資已付，免貼郵票

104台北市民生東路二段141號2樓

英屬蓋曼群島商家庭傳媒股份有限公司

城邦分公司　收

請沿虛線對摺，謝謝！

書號：BW0776　　書名：從零開始讀懂流通業　　編碼：

請於此處用膠水黏貼

讀者回函卡

不定期好禮相
立即加入：商
Facebook 粉

感謝您購買我們出版的書籍！請費心填寫此回函卡，我們將不定期寄上城邦集團最新的出版訊息。

姓名：＿＿＿＿＿＿＿＿＿＿＿＿　性別：□男　□女

生日：西元＿＿＿＿＿年＿＿＿＿＿月＿＿＿＿＿日

地址：＿＿＿＿＿＿＿＿＿＿＿＿＿＿＿＿＿＿＿

聯絡電話：＿＿＿＿＿＿＿＿＿＿　傳真：＿＿＿＿＿＿＿＿＿＿

E-mail ：

學歷：□ 1. 小學 □ 2. 國中 □ 3. 高中 □ 4. 大學 □ 5. 研究所以上

職業：□ 1. 學生 □ 2. 軍公教 □ 3. 服務 □ 4. 金融 □ 5. 製造 □ 6. 資訊

□ 7. 傳播 □ 8. 自由業 □ 9. 農漁牧 □ 10. 家管 □ 11. 退休

□ 12. 其他＿＿＿＿＿＿＿＿＿＿

您從何種方式得知本書消息？

□ 1. 書店 □ 2. 網路 □ 3. 報紙 □ 4. 雜誌 □ 5. 廣播 □ 6. 電視

□ 7. 親友推薦 □ 8. 其他＿＿＿＿＿＿＿＿＿＿

您通常以何種方式購書？

□ 1. 書店 □ 2. 網路 □ 3. 傳真訂購 □ 4. 郵局劃撥 □ 5. 其他＿＿＿

您喜歡閱讀那些類別的書籍？

□ 1. 財經商業 □ 2. 自然科學 □ 3. 歷史 □ 4. 法律 □ 5. 文學

□ 6. 休閒旅遊 □ 7. 小說 □ 8. 人物傳記 □ 9. 生活、勵志 □ 10. 其他

對我們的建議：＿＿＿＿＿＿＿＿＿＿＿＿＿＿＿＿＿＿＿

＿＿＿＿＿＿＿＿＿＿＿＿＿＿＿＿＿＿＿

＿＿＿＿＿＿＿＿＿＿＿＿＿＿＿＿＿＿＿

請於此處用膠水黏貼